户型优化

空间布局与动线设计

刀文哥——著

江苏凤凰科学技术出版社·南京

图书在版编目（CIP）数据

户型优化：空间布局与动线设计 / 刀文哥著 . --
南京：江苏凤凰科学技术出版社，2024.6
ISBN 978-7-5713-4412-2

I. ①户… II . ①刀… III . ①住宅－室内装饰设计
IV. ① TU241

中国国家版本馆 CIP 数据核字（2024）第 109026 号

户型优化 空间布局与动线设计

著　　者	刀文哥
项目策划	凤凰空间 / 代文超
责任编辑	赵　研　刘屹立
特邀编辑	代文超

出版发行	江苏凤凰科学技术出版社
出版社地址	南京市湖南路 1 号 A 楼，邮编：210009
出版社网址	http://www.pspress.cn
总　经　销	天津凤凰空间文化传媒有限公司
总经销网址	http://www.ifengspace.cn
印　　刷	河北京平诚乾印刷有限公司

开　　本	710 mm×1000 mm　1 / 16
印　　张	9
字　　数	115 000
版　　次	2024 年 6 月第 1 版
印　　次	2024 年 6 月第 1 次印刷

标准书号	ISBN 978-7-5713-4412-2
定　　价	49.80 元

图书如有印装质量问题，可随时向销售部调换（电话：022-87893668）。

前言

好的住宅平面布局一定有一个好的动线设计！

平面布局是装修设计的第一步，也是最重要的一步，关联着房屋的整体性和通透性，分配着一个家庭的公共空间、私密空间、工作学习空间、休闲娱乐空间等，调和着各功能空间之间的关系，迎合着每一个家庭成员的生活习惯，也是体现室内设计师水平的重要考量。

室内装修的好坏并不是指装修得有多么好看、风格有多么时尚、色彩搭配有多么鲜艳，而是房屋格局是否适合房屋的主人。房地产开发商建造的楼盘户型种类有限，并不能适合每一个家庭，所以就需要一对一的室内设计来优化空间布局。

本书的重点就体现在空间布局上，讲解如何根据家庭成员对房屋的功能、生活方式等方面的需求来优化房屋的格局、动线、墙体结构、功能分区以及功能分区之间的相互关系。暂时不考虑各式各样的装修风格，而以家庭成员为中心，重新认识自己的住宅。

本书所展现的案例均是我工作中的实际案例。无论是装修“小白”还是专业的设计师，相信都能从此书中寻找到一丝空间布局和动线设计的灵感。

刀文哥

2024 年 1 月

目录

第1章▶

轻松识图
认识住宅格局

1.1 看懂房屋的原始结构图

这是我们常见的户型图，从图中可以直观地看出这是一套三室两卫两厅一厨的户型，即三间卧室、两个卫生间、一间厨房、一间餐厅、一间客厅。

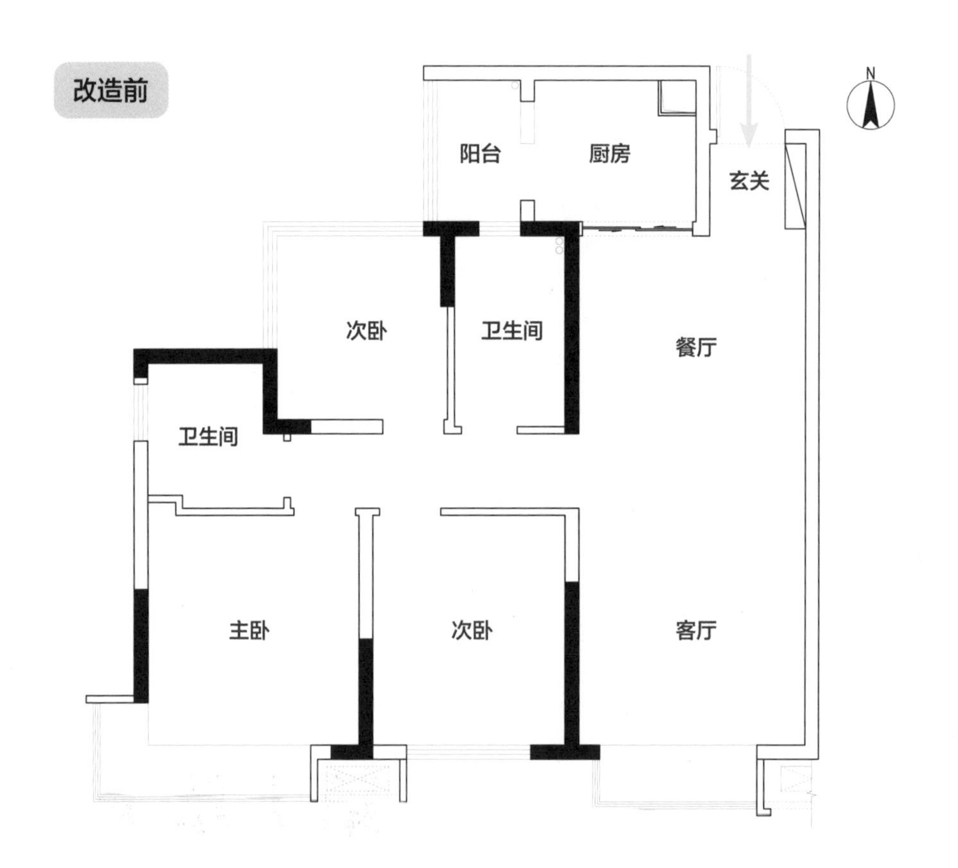

◇从平面图获取的信息

① 找到入户位置，并且弄清楚户型的朝向，一般在原始户型图上会有指北针。

② 找到阳台的位置，一般情况下阳台都是在南面，而改造前的户型的阳台却多在北面，所以购房前一定要仔细观察。

③ 找到房屋的中心，观察每个空间之间的关系，比例是否方正，功能是否齐全，采光是否良好，通风是否顺畅，考虑空间的私密性、动静分区等问题。

◇如何看出哪些墙可以拆，哪些墙不能拆？

图中室内白色的墙体为非承重墙，即可拆墙体；外墙是不能动的；图中黑色的墙体即承重墙，也就是绝对不能拆的墙。

如果户型图中并没有体现承重墙的位置，那么可以找开发商或者物业索要自己房屋的原始户型图，这张图对于后期改造住宅会有很大的帮助。

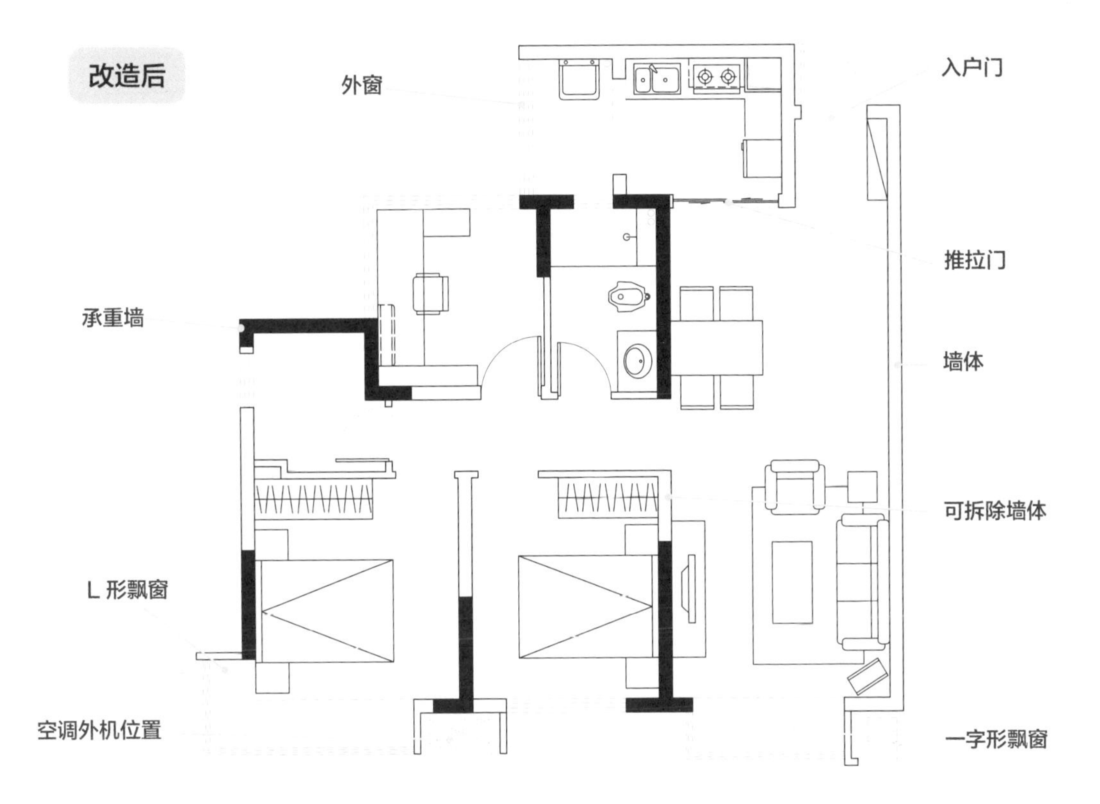

小贴士

1. 购置房产不是一件小事，选房的时候一定要仔细观察房屋的情况。

2. 如果是现房或者二手房，可以分时段从室内观看房屋的采光情况。

3. 结合家庭成员的需求选购住宅，切勿盲目追求完美户型，适合自己的才是好户型。

1.2 认识房屋的格局

现在的户型格局五花八门，有手枪形、蝴蝶形、四叶草形、长条形、锯齿形、三角形、扇形……不管哪种户型，在选择时都要牢记以下三个要素。

◇空间方正

方正的空间能够保障更高的使用率。一套住宅基本包含客厅、餐厅、卧室、厨房、卫生间、阳台六大空间，如果你的住宅只有这六大空间，也就是我们常说的刚需房或者小户型房，那么空间方正化程度会直接影响居住者的居住体验。

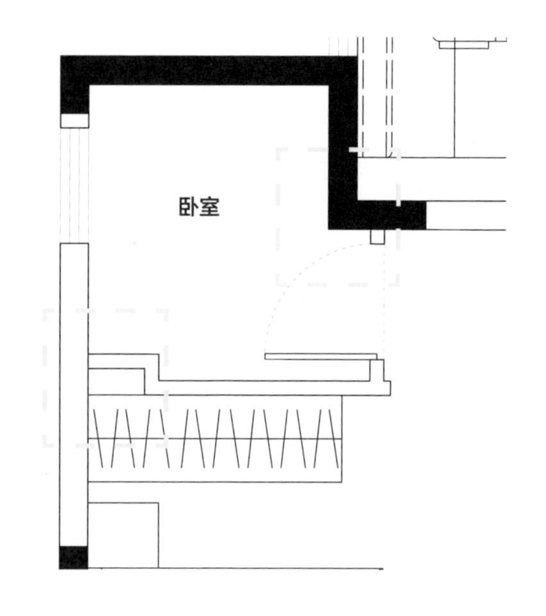

右图卧室空间看似方正，其实有两处难以利用的角落。图中左下角有一个凸角，不但使得家具不能靠着角落摆放，同时还导致隔壁的空间有一个难以利用的凹角。图中房间门所在的竖墙没有与其旁边的承重墙连接并对齐，看似这个空间变大了，其实非常难用，而且压缩了另一个空间。在后期做布局设计的时候，除非这部分空间小到无法开门，否则轻易不会使用这种对外压缩的方法。

小贴士

没有十全十美的户型，大家可以根据自身需求及条件做效用最大化选择，但优质户型大多有以下几个特征：东西开间大，东西有小窗，南北通风好，南北进深小，结构直线走，日光满屋照。

◇空间采光

空间采光指的是空间内部获得光亮的程度。以前的户型设计基本都是将卧室设置在南面，客厅在中间，厨房、卫生间设置在北面；现在的户型大多是把客厅、主卧设置在南面，餐厅、厨房、卫生间在北面，次卧依据楼体结构决定，但应尽可能地将其设置在南面，唯一要注意的就是内凹户型。

下图户型有凹陷在楼体中的空间，即使是在南面，采光也非常少。所以，选房的时候一定要确定好方向，观察好日照时间，避免选择在楼体中内凹程度大的户型，尽量选南北通透的户型。

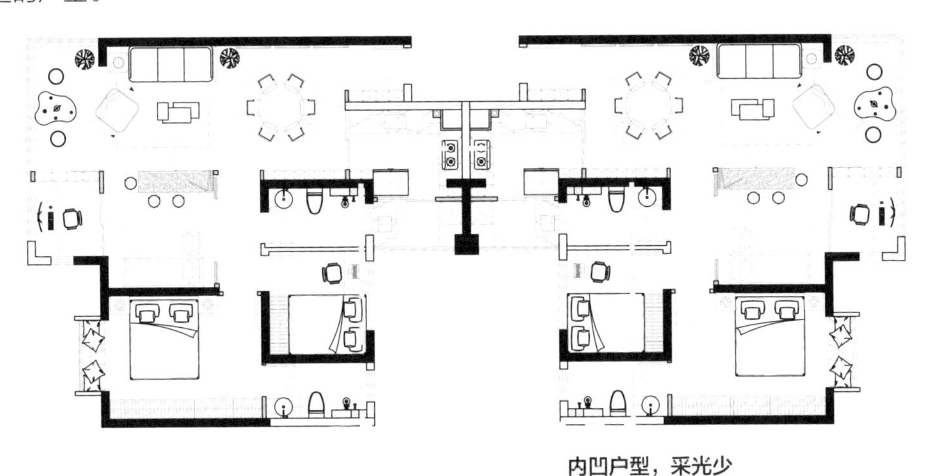

内凹户型，采光少

◇空间通风

古人用他们的智慧告诉我们，东南西北风对应着春夏秋冬四个季节，到了什么季节就会吹什么风。我们的房屋大多都是南北向开窗，所以夏天的风总是从南面的窗户吹进屋里，到了冬天北风袭来，春入东风，秋进西风。

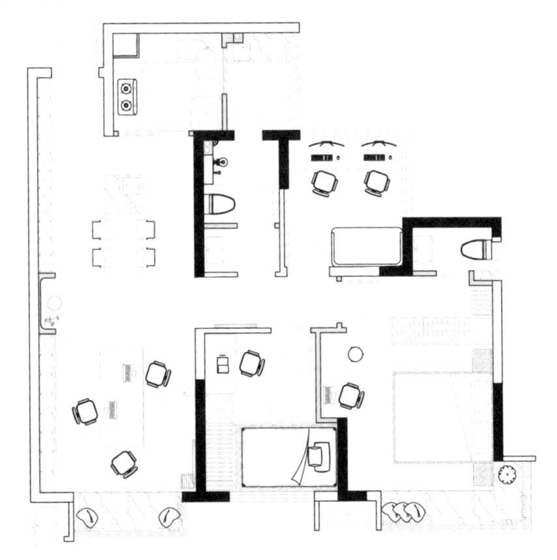

夏天天气炎热，阳台基本都在南边，采光、通风都好；冬天气温低，室内冷，要少进点风，因此北窗要小一点。在冬天，北边的屋子都会偏冷一些。春天、秋天的气温不冷不热，微风习习，所以家中如果有东向或者西向的窗户，不但能更好地通风，还能看日出或日落。

住宅的常规空间尺寸

◇入户玄关

入户玄关即门厅，大致分为三类。

第一，入户即是厅。没有通道，没有遮挡，整个客厅或者餐厅一览无余，这类门厅空间宽敞，没有压抑感。

第二，入户是通道。这类门厅主要是根据通道的长短来设计，宽度大多在1.1～1.2 m之间，有的入户通道宽一些，能达到1.4 m以上。小于1.1 m的入户宽度，就要考虑能不能向临近的功能区借用空间。若宽度小于1 m且两侧都是承重墙或者外墙，就应尽量避免这种几乎无法扩展面积的门厅，当然宽度小于1 m的门厅通常存在于一些极小户型中。

第三，入户见墙，即入户正对墙体。这种门厅主要看两方面，一是门到墙的距离不要小于1.2 m；二是正对的墙体能否拆掉或后移。如果这两条都不能满足，则门厅后期改造的限制就比较大。

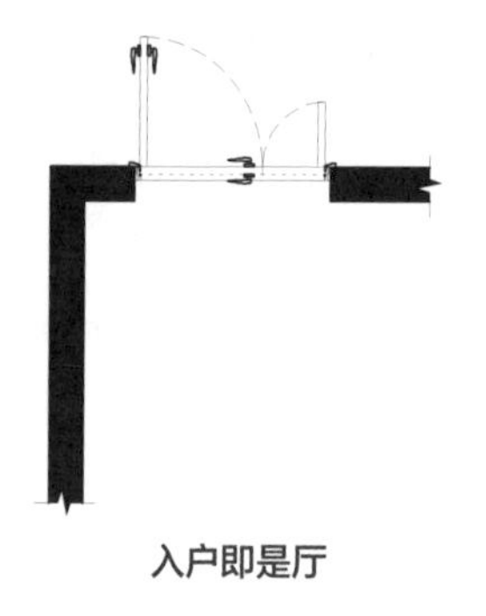
入户即是厅

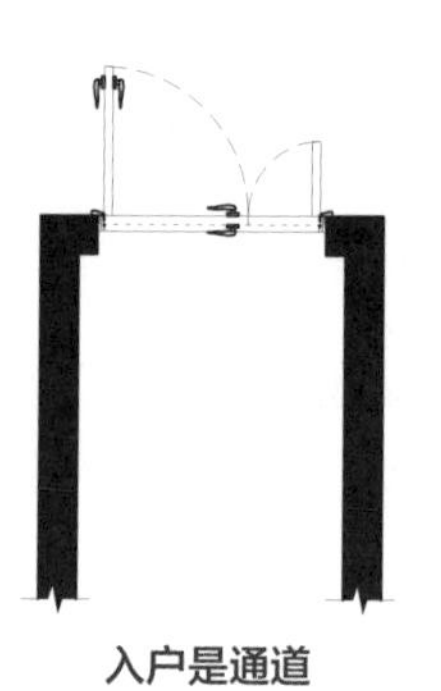
入户是通道

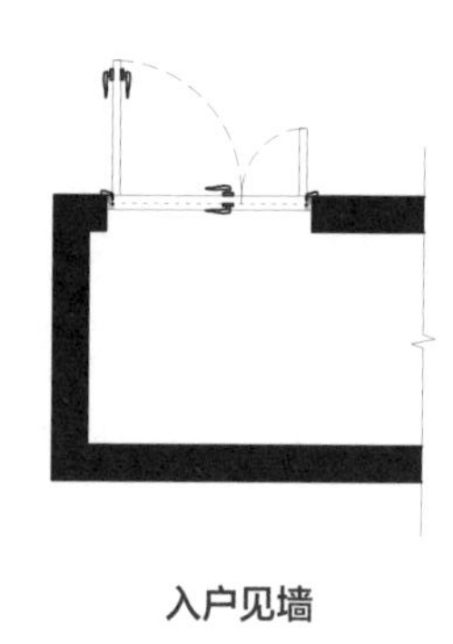
入户见墙

◇餐厅

记住一个尺寸——2.6 m，在餐厅无论是长还是宽都要大于这个尺寸，否则空间会显得拥挤。

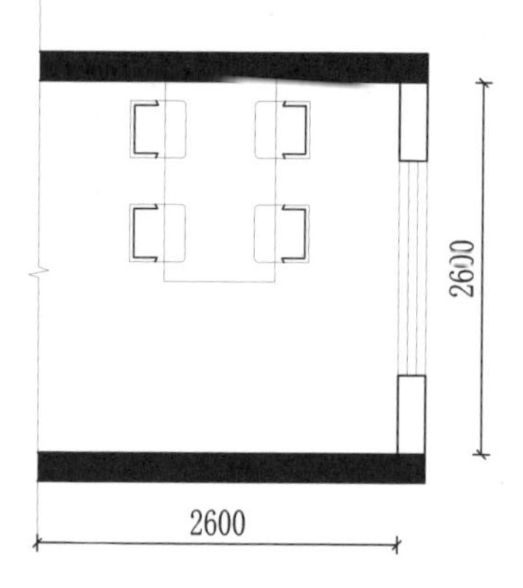

注：图中尺寸单位均为毫米（mm）。

◇客厅

我们无法选择客厅的长度，它与房屋的面积相关联。同样面积的住宅，客厅的宽度却有很大差别，通常客厅的最窄宽度是 3 m，小于这个宽度就很难用作客厅了，常规宽度在 3.3~3.6 m 之间，这个范围正好适用。宽度在 3.6 m 以上的客厅通透性良好，显得宽敞明亮。

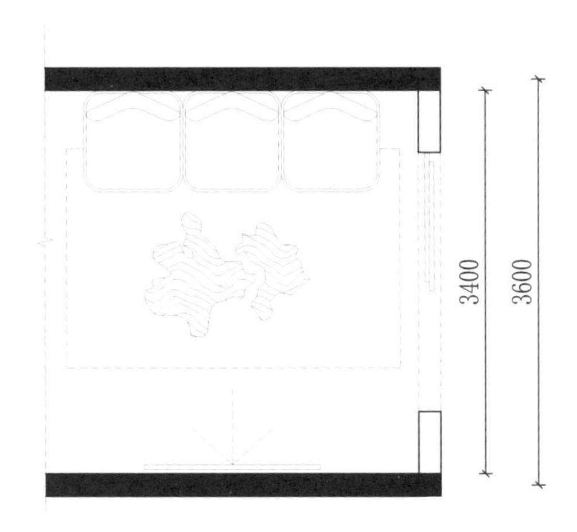

◇厨房

厨房是家中使用频率很高的区域，然而这个空间并不是按照长宽来设计，而是按照可做橱柜的总长度来设计。橱柜总长度直接影响操作空间的长度和收纳空间的大小，且要大于 3 m，留给人站立操作的空间有 90 cm 宽便可够用。

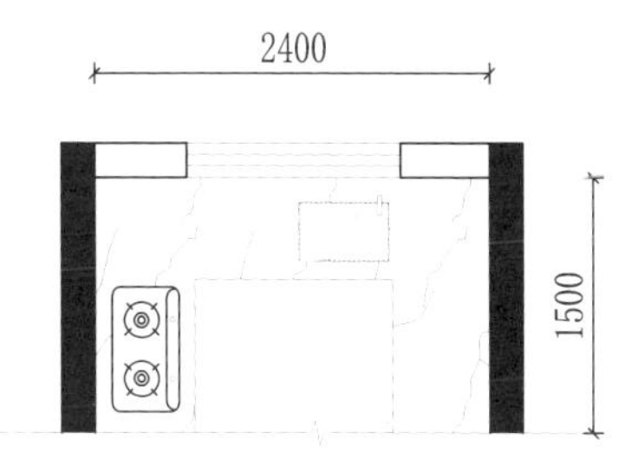

◇卫生间

按照卫生间的长度来设计功能区，淋浴区的宽度不小于 90 cm，坐便区的宽度不小于 80 cm，台盆宽度不小于 60 cm（最小台盆），也就是卫生间的长度不小于 2.3 m，宽度不应小于 1.45 m。正方形的卫生间也可依照这个尺寸来推算空间尺寸。

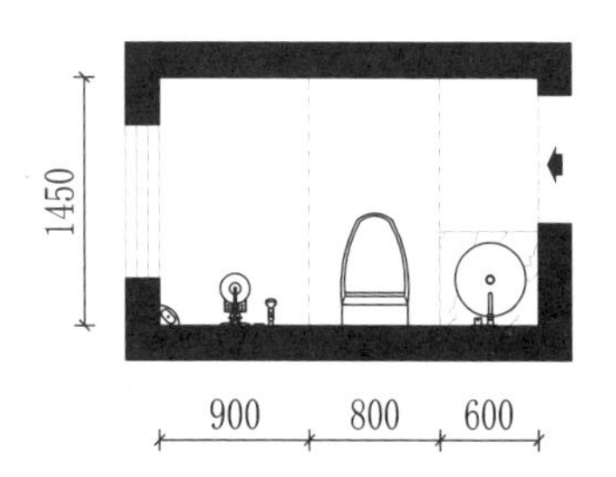

◇卧室

卧室空间一般不会有太大差别。我们判断卧室空间是否够用，首先要确定这个房间准备用多大的床，床的尺寸确定了，则床尾走道宽度不应小于 70 cm，且床的侧边还能放得下 60 cm 深的衣柜，剩下的空间都是富余的。

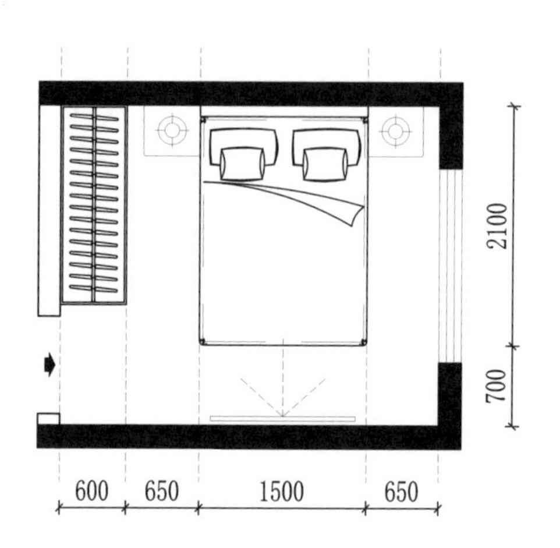

◇阳台

阳台的尺寸就一个标准，宽度不要小于 1.3 m，否则空间会显得局促。阳台一般与客厅、卧室相连，其长度与客厅的宽度基本一致。

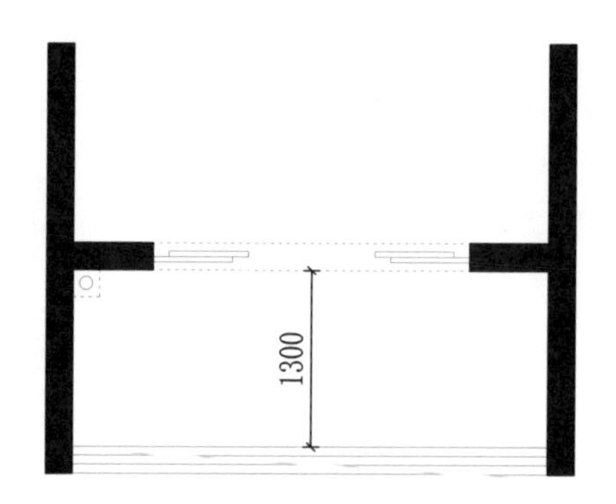

以上各空间尺寸都是基本尺寸，也就是最小的舒适尺寸。小于这些尺寸就要往极限尺寸设计，对设计者功底要求较高；大于这些尺寸就可以往更舒适的方向设计，需要更好的空间把控感。

小贴士

尺寸并不是衡量房屋好坏的重要标准，每个户型都有再优化的可能。可以寻求室内设计师的帮助，相信他能给你一个满意的解决方案。

家居空间的常规尺寸

◇门

入户门分为单开门和双开门。单开门的宽度一般是 86 cm 和 96 cm, 称为“86”门和“96”门；双开门一般分子母门和普通对开门，宽度分别是 120 cm 和 150 cm。

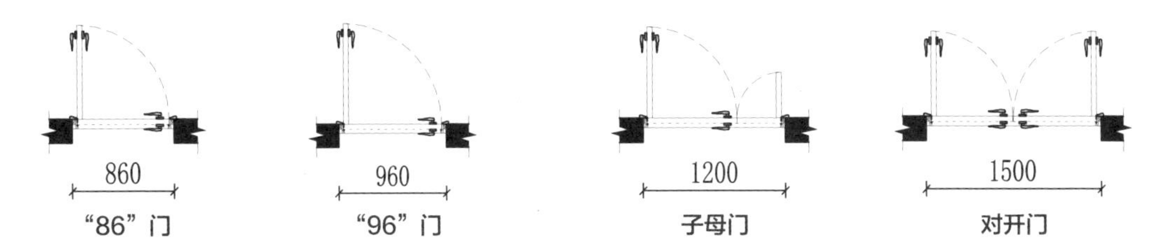

室内卧室门洞标准宽度是 90 cm，但实际测量时因表面有抹灰层，一般宽度都在 87 cm 左右。卫生间、厨房的门洞标准宽度是 80 cm，同上原因，大多数门洞宽度在 78 cm 左右。推拉门根据尺寸分扇，理论上单扇宽度不应小于 70 cm。门洞标准高度是 2.05 m，一般毛坯状态下都在 2.05 ~ 2.1 m 之间。

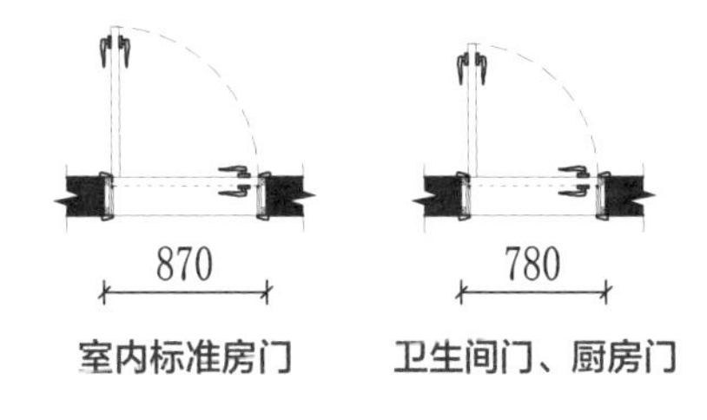

◇柜类

柜子分为成品柜、定制柜、现场制作柜，基本尺寸不会有太大差别。

普通鞋柜基本每层高是 18 cm，预留一小部分 40 cm 的高隔层作靴子空间，常规鞋柜深度为 30 cm，低于 28 cm 就要做成斜插板，尺寸再压缩就要安装竖插架，鞋柜最薄可以做到 15 cm（适合小户型）。

一般酒柜深度是 30 cm，书柜深度可以在 20~30 cm 之间，收纳柜深度不小于 45 cm。

厨房橱柜深度是 58 cm，台面宽度为 60 cm，橱柜的高度通常为 80 cm。不过现在橱柜都是厂家定制的，如果是身高 170 cm 以上的人使用，那么建议将水池部分的橱柜抬高 10 cm，弯腰洗碗真的很累。

很多人都说衣柜深度 60 cm，可现场实际做出来却是 62 cm，这是怎么回事?因为市面上的家装板材的标准尺寸是宽 122 cm、高 244 cm，而衣柜内部深度在

50 ~ 55 cm 之间就够了（移门除外，移门需要额外增加 8 cm 厚度），如果按照这个尺寸做，一张板材切割完就会剩下一个边条，所以在设计时，一般将板材对半开料，就算安装移门也能保证柜子里的深度够用。

剩下的浴室柜、电视柜大多购买成品，也可以定制。

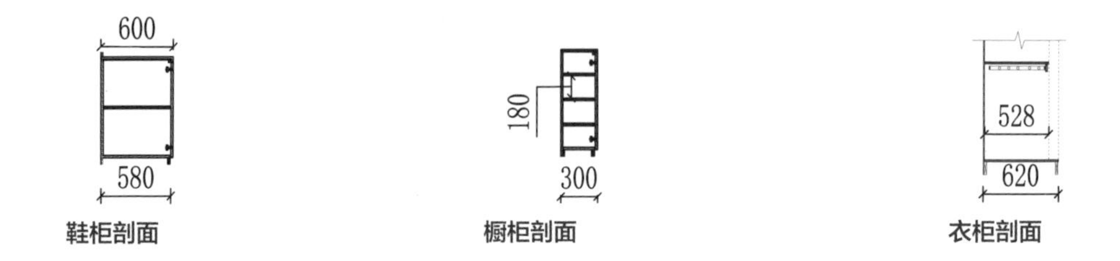

◇床

床是住宅中的重要家具，床垫的尺寸，常规情况下长度都是 2 m，宽度尺寸有 80 cm、90 cm、100 cm、120 cm、135 cm、150 cm、180 cm、200 cm。

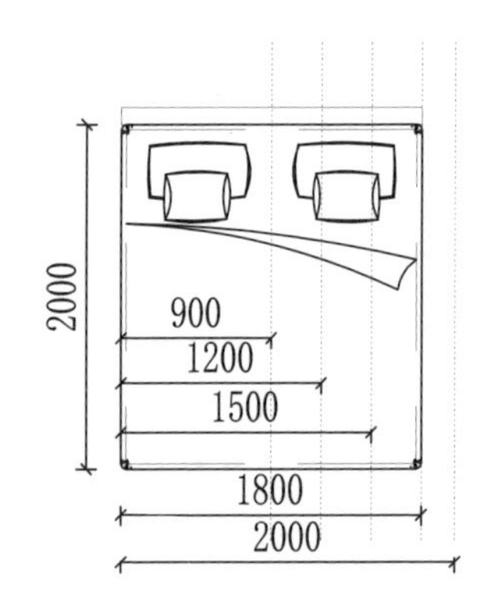

80 cm、90 cm、100 cm 宽的床一般用于学生宿舍，床长度通常是 1.9 m；120 cm、150 cm、180 cm 是家中最常见的床宽；宽 135 cm 的床不多，通常会出现在儿童房中；200 cm 属于超宽床，一般用于主卧。

◇家电

现在的家电种类和尺寸各式各样。随着洗衣房、定制化家电的出现，很多设计师都会要求业主提供已经订好或者选好的大家电尺寸。

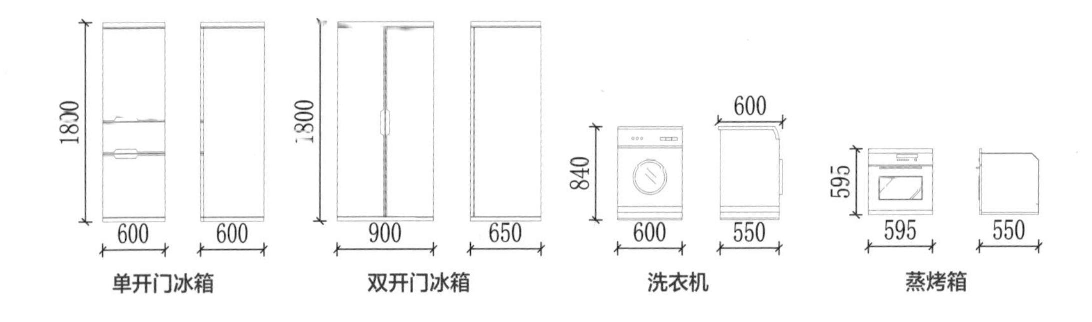

1.5 一看就懂的家居动线

动线是人们在房屋内行走活动的路线，是房屋设计中一个重要的考量因素，和房屋的装修设计相互影响。一个好的动线对居住者生活的影响非常大，动线主要分为两类——主人动线和访客动线。主人动线中一定包含访客动线，所以在设计的时候，我们只要把主人动线规划完整，那么访客动线自然就出来了。访客动线需要规划在动区内，如客厅、卫生间、厨房，要和静区（如卧室、书房）保持距离，尽量不要临近隐私区域。

下图是一个刚需户型，从图中我们能看到不同的动线，左图表示主人动线，右图表示访客动线，主人动线会在家中经过每一个通道、每一个空间，而访客动线只存在于入户区、餐厅、客厅、卫生间这几个活动区域。

主人动线　　访客动线

原始户型的动线未必适合每一位业主，所以我们就要在现有的房屋条件下，根据每个家庭情况，适当调整动线，以便更好地适配家庭成员的日常生活。如果动线设计不合理，动静区域交叉，人在这样的空间里活动，就容易出现与他人碰撞或者多走路的情况，同时，空间利用率会降低，且使用不畅。后期想要进行改动过程较难，成本较高。因此，动线做得好，生活起来更舒适。

第 2 章 ▶

动线设计
改造空间布局

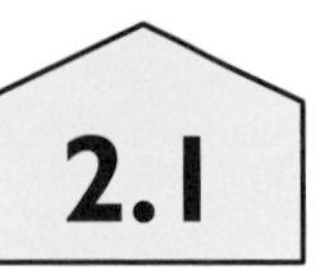

以收纳为主的一居室设计

房屋概况	■ 房屋状况：二手房	■ 户型：一室两厅一厨一卫
	■ 套内面积：48 m^2	■ 房屋结构：砖混

目前还是单身的镇先生在上海购买了一套 48 m^2 的一居室，他喜欢烹饪，热爱调酒，平时工作穿着全套西装，喜欢邀朋友在家喝酒、打游戏，有收藏汽车模型的爱好。

那么这位精致的单身先生对自己的小家又有什么样的期待？

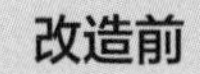

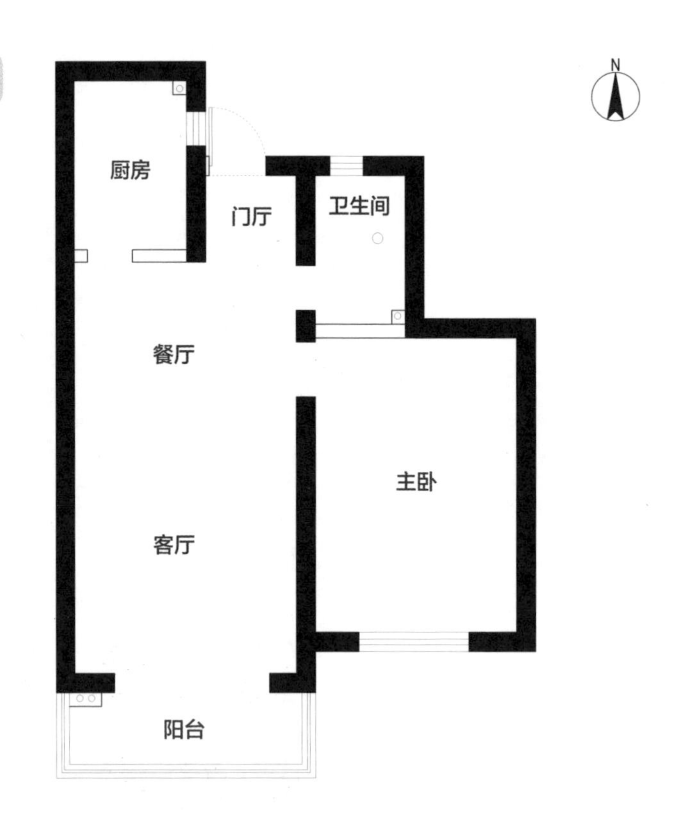

◇户型分析

❶ 户型方正，老板楼结构，承重墙较多。

❷ 客厅和餐厅空间大小适当，厨房空间比较小。

❸ 现有卫生间无法满足设置换衣柜的需求。

◇业主需求

❶ 卫生间设置换衣柜，主卧尽量多设置衣柜。

❷ 进门设置下沉区，有收纳雨伞的地方。

❸ 客厅设置软隔断，满足父母过来短住的需求。

❹ 冰箱靠近厨房，餐厅有岛台或者调酒台。

◇设计思路

沿着室内动线做规划，门厅较宽，可以合理利用，进一步提高利用率，分割出下沉区（不铺设地暖区域）。客厅和餐厅要进行明显分区，以便设计软隔断，做临时休息区。餐厅围绕中岛餐桌吧台活动，沿着周边设计出收纳、展示等区域。在卧室或者客厅的空间预留出升降桌的位置。

改造后

◇设计说明

❶ 门厅的左侧墙与厨房的横墙齐平，围合成下沉区。

❷ 改变卫生间开门位置，在门厅处设计收纳柜。

❸ 围绕餐桌吧台形成回字形动线，尽量增加餐桌长度。

❹ 使主卧床头朝西，沿着东侧墙做收纳衣柜。

❺ 在客厅安置沙发床，客厅与阳台相连，与餐厅、阳台用软隔断隔开。

◇动线分析

1. 门厅动线，使空间利用率翻倍

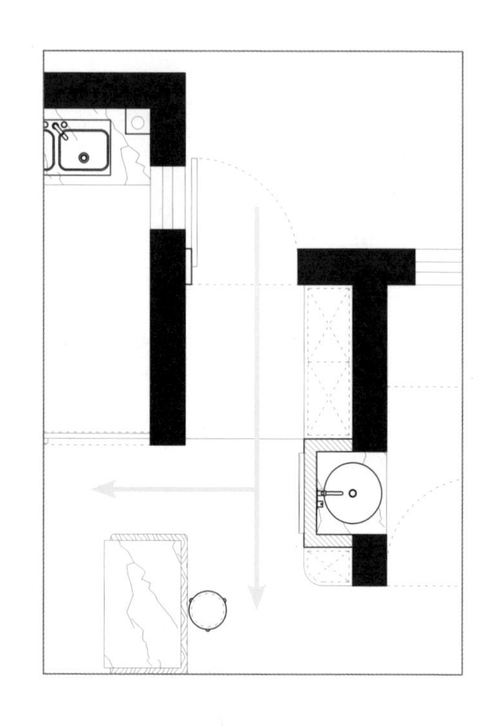

借助卫生间原门的位置，设计凹墙，内嵌洗手池，与门厅的收纳柜形成平整的立面，凸出的外部墙体贴全身镜。收纳柜紧临洗手池，可以在收纳柜中设计一个雨伞槽，下部使用接水盘并将其直接连到卫生间洗手池下水管道，完美解决了雨伞的收纳问题。同时，墙面的全身镜也可以让业主在出门前整理自己的造型。

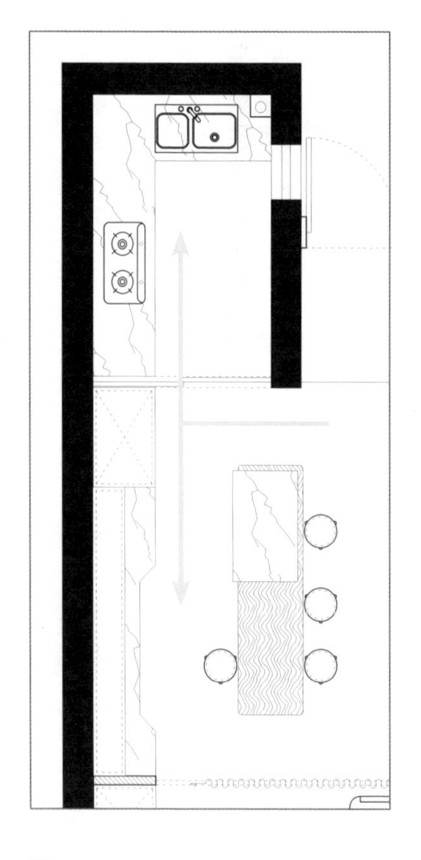

2. 厨房动线，实现餐厨一体化

在厨房设计一个反向 L 形橱柜，顺势连接到餐厅的冰箱、调酒台，不仅使功能更全面，而且动线也变得更加流畅。扩宽厨房门洞，打开厨房门就是一个开敞的餐厨一体化空间。定制的餐岛一体式餐桌吧台也增加了操作空间，既拥有了家庭式小酒吧，又保留了做中餐的快乐。

3. 改变卧室床头位置，生活动线更顺畅

改变主卧门的位置，调整床头位置，在墙面装上装饰板，最大限度缩小床的长度，把床的总长控制在 205 cm 之内。利用空余的东侧墙打造衣柜，解决主卧的收纳问题。喜欢大一点的升降桌，那就与衣柜齐平；想让衣柜整齐一些，就把书桌放在床头一侧，让床尾的衣柜高度统一，这样的衣柜面积足够大，即使西装再多也不用怕没地方挂了。

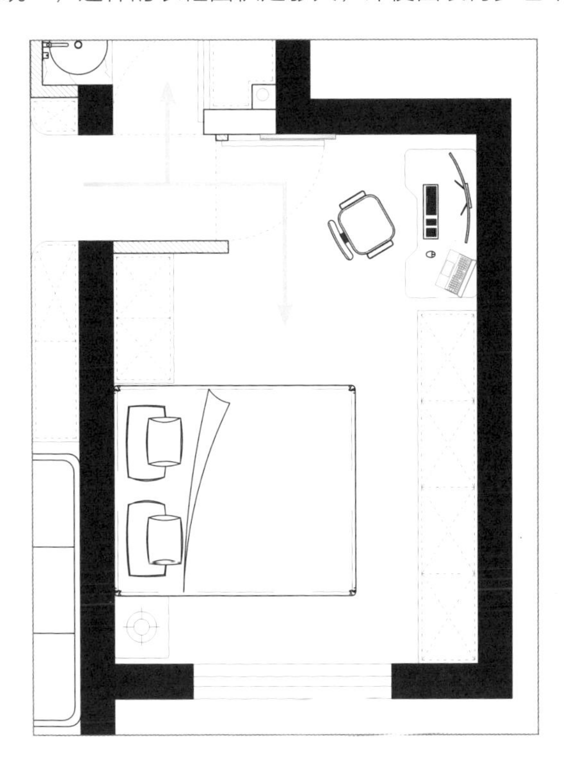

◇方案总结

① 以收纳空间包围动线，多利用周边的墙面空间，高效利用垂直的收纳空间。

② 面积小、要求高，尽可能地将功能合并设计。

③ 结合业主的生活习惯，灵活运用餐厅、厨房，合并功能使用途更多。

④ 有时候翻转空间，利用率或许更高。

小贴士

空间小、需求高的户型优化方案，尽量把收纳设计在四边，充分利用垂直空间，这样可以让空间的作用发挥得更大。

2.2 新婚之家的空间动线对称设计

房屋概况		
	■ 房屋状况：二手房	■ 户型：一室一厅一厨一卫
	■ 套内面积：47 m^2	■ 房屋结构：砖混

来自福建省的 26 岁离女士和先生一起在上海市打拼，在两人的共同努力下购置了一套 47 m^2 的一居室房屋，同时陪伴他们的还有两只可爱的小猫。虽然只有一室一厅，但这是他们的一套过渡房，两个人计划 5 年左右换房，未来几年两人会在这里一起燃烧青春。

改造前

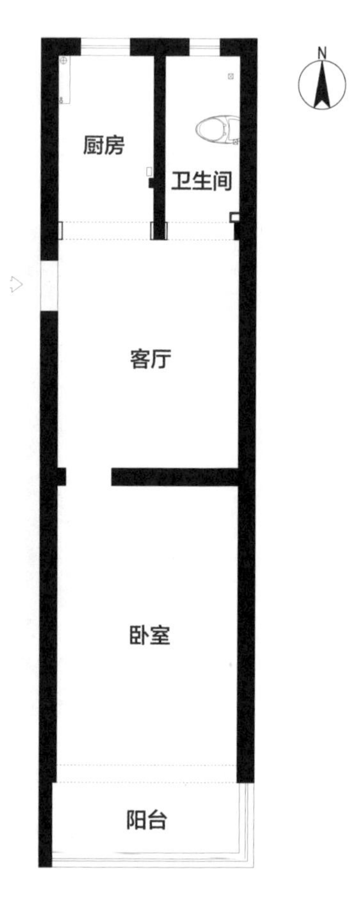

◇户型分析

❶ 一字形户型，卧室大客厅小。

❷ 全部都是承重墙，无法拆改。

❸ 卧室采光充足，客厅光线较暗。

❹ 阳台没有污水管，无法安装洗衣机。

◇业主需求

❶ 在客厅设置健身空间，健身时要对着电视机。

❷ 有书桌、餐桌，有两人共同的学习工作区。

❸ 保留大床，衣柜空间尽量大。

❹ 阳台无污水管，需解决洗衣机无摆放位置的问题。

◇设计思路

对房屋原有动线优化，将一部分功能区域进行重叠设计。根据规划后的分区设计新的动线。对现有区域再次进行拆解，尽量在合理的情况下提高空间的功能性。例如：卧室面积较大且连接阳台，可以对整个区域进行二次分区设计。

改造后

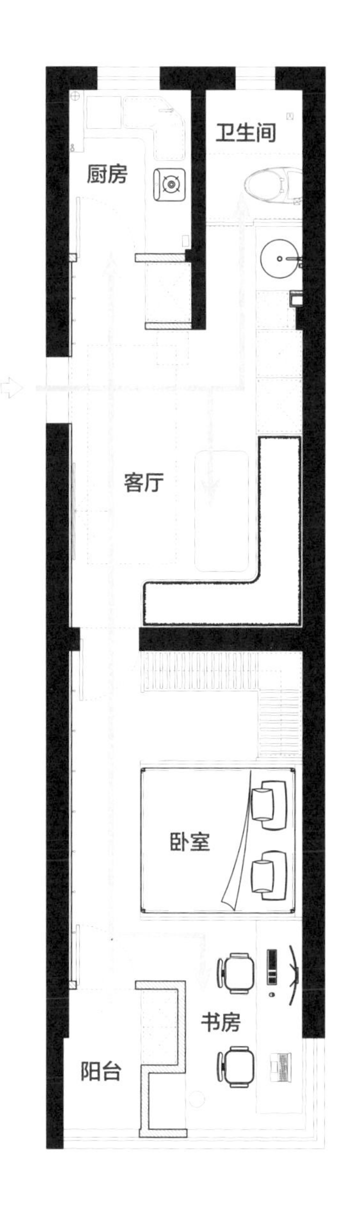

◇设计说明

❶ 客厅功能较多，在规划好其基本功能后，将其他功能附加于其上。

❷ 借鉴北边布局方式，把南边的阳台也划分为两个区域使用，使空间和动线左右对称。

❸ 学习工作区尽量紧邻阳台，以便保证充足的采光。

❹ 将收纳的宠物物品和晾晒的衣物放在同一个空间。设计封闭式晾晒阳台，并加门，可以把宠物安置在此。

◇动线分析

1. F 形动线，解决厨房、卫生间和入户日常需求

由于承重墙的限制，没办法对原墙体进行拆改。夫妻俩平时很少做饭，并且只打算居住 5 年左右，所以只需要保证厨房基本功能，而把一部分空间让给门厅，作为鞋帽间。鞋柜虽然不大，但足够深，加上做到房顶的高度，收纳力十足。对面的墙也不浪费，安装洞洞板，这块小的鞋帽收纳空间，足够满足日常使用。

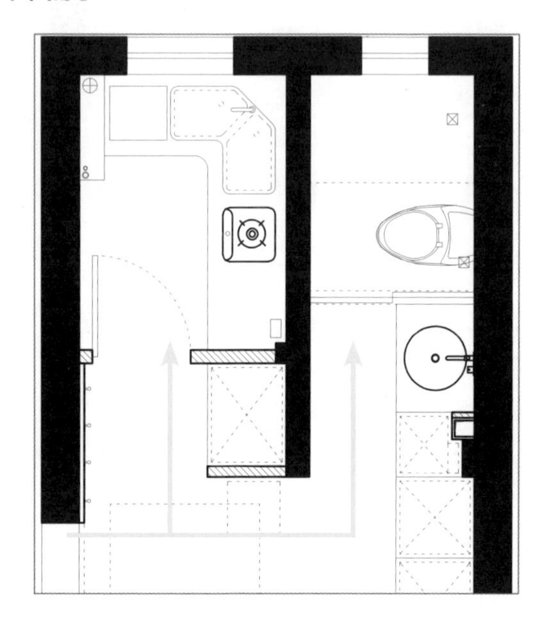

洗衣机污水管道由旁边的收纳柜直连到洗手池，收纳柜同时也充当了一部分衣柜的角色，这样在原本较小的空间内便可以形成“换衣—洗澡—洗衣”的动线。

2. 空间重叠，小厅大用，娱乐动线灵活

客厅空间局促，要同时满足用餐以及健身的需求。这种面积小、要求多的空间，合并功能是个好方法。换掉传统的沙发，以收纳力强的卡座式沙发代替，合并餐桌和茶几。功能合并后，还能多出健身的区域，就连猫爬架也有了自己的位置。在墙面上设计了幕布，可将空间转换成观影模式。

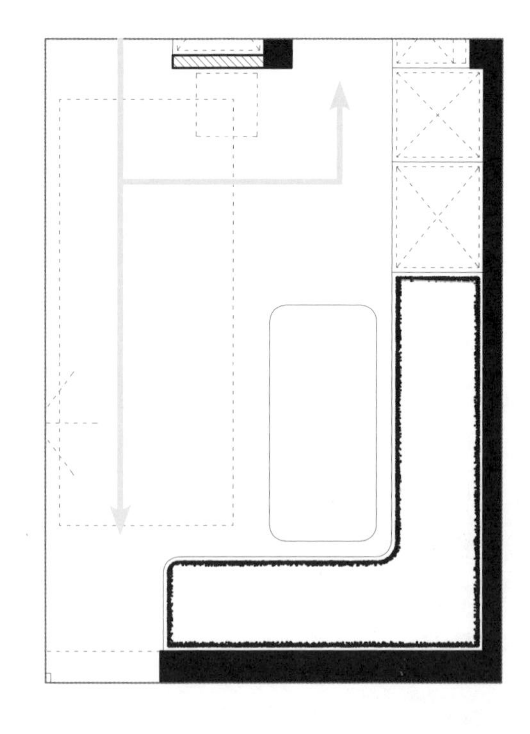

3. 卧室分区，规整有序

卧室的单排衣柜已经满足不了两个人的衣物收纳需求，舍去床头柜，做 L 形的转角衣柜，收纳空间增加了不止两倍。床尾墙面也不浪费，整面墙既能装饰空间又具有挂衣功能。

阳台既然没有污水管道，那么就将洗衣机放置在卫生间，把阳台利用起来，让空间变得更灵动。阳台向卧室方向扩展一点空间，然后做成隔断，保留晾晒区域和宠物物品的收纳区域，把阳台剩下的空间设计成双人书桌，对向做梳妆台，充分利用这个区域的采光优势。

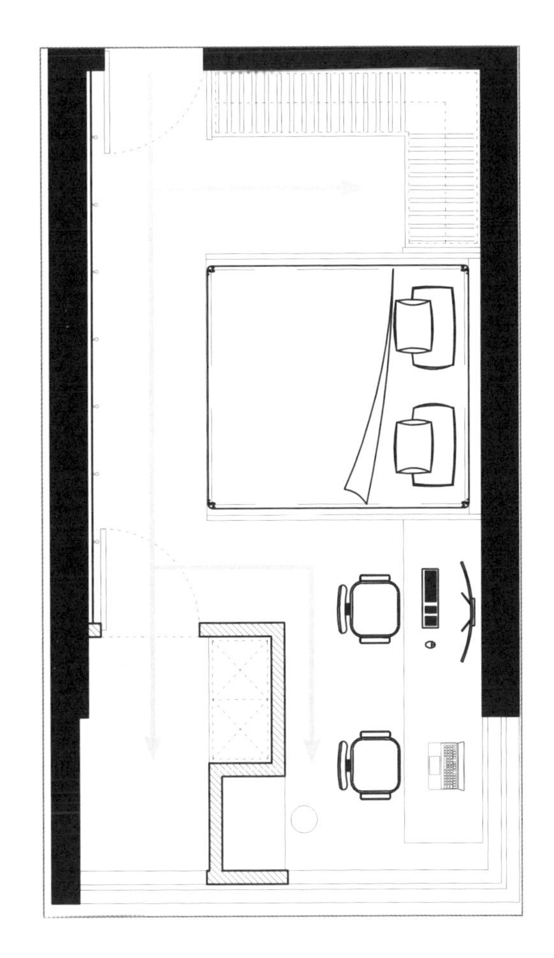

◇方案总结

① 短期使用，要把实用放在第一位。

② 使空间功能叠加，即使不使用变形家具，依然可以满足很多功能上的需求。

③ 把功能区域尽可能地规划在一条动线上。

④ 经典 S 形墙设计，把阳台功能划分得更明显。

小贴士

打破原户型房间的功能区域划分思维，尝试重新划分功能区往往会有意外收获。

空间合并才是小家幸福的关键

房屋概况		
	■ 房屋状况：二手房	■ 户型：一室一厨一卫
	■ 套内面积：36 m^2	■ 房屋结构：砖混

对于许多年轻夫妇来说，买房并不是一件易事。这对夫妻经过多年的拼搏和努力，终于买下了自己的小房子。这套房子虽然面积不大，但却满载着他们一家三口的心血和希望，在我们的努力下改出了一个与众不同的空间。

改造前

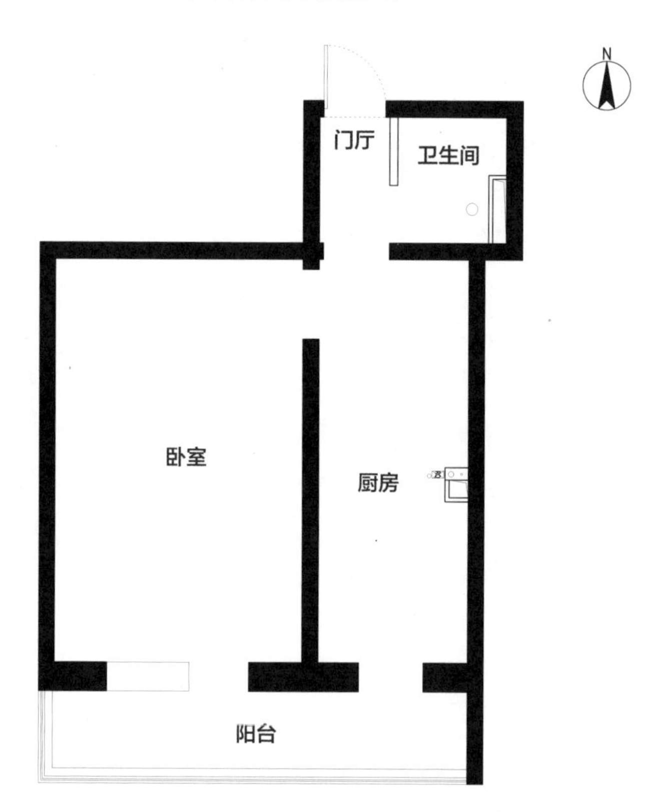

◇户型分析

❶ 现有厨房餐厅较小，没有客厅。

❷ 卫生间空间比较小。

❸ 卧室较大，可以考虑分割利用。

❹ 阳台狭长，浪费了很多面积，无污水管道。

◇业主需求

❶ 需要两间独立的卧室、一个客厅和各自独立的工作区。

❷ 充分利用阳台，要有晒太阳的地方。

❸ 收纳空间要多，尽量多设计衣柜。

❹ 次卧放 1.5 m 宽的床，且需要书桌。

◇设计思路

将区域进行分隔，对户型内部空间进行分块设计。改变卫生间开门位置。在原有空间基础上划分出主卧、次卧、书房、厨房、客厅兼餐厅、门厅、卫生间以及阳台。在每块区域内进行细化设计，计算每个功能区可用的最小尺寸。

改造后

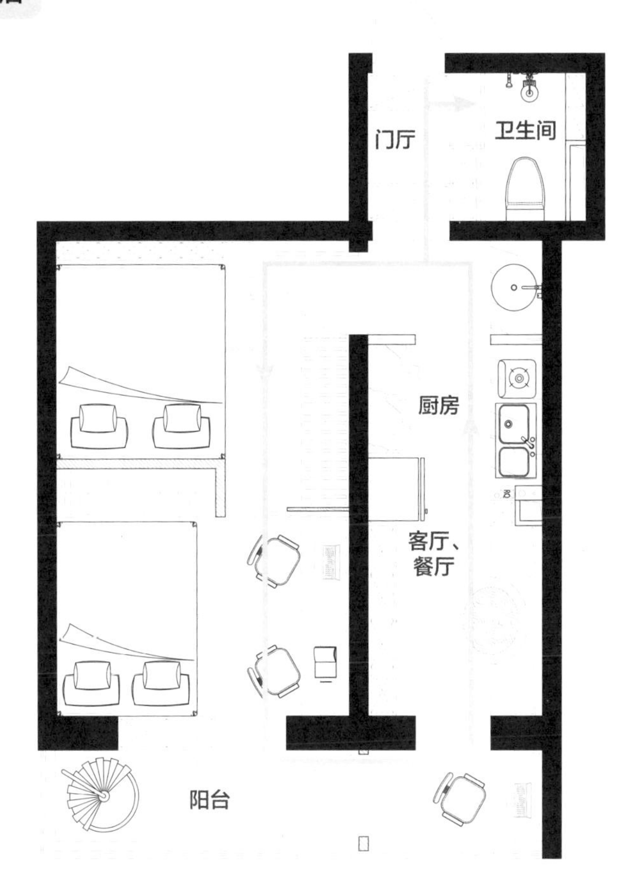

◇设计说明

❶ 做动静分离设计，设独立门厅，不对屋内的活动造成干扰。

❷ 外移洗漱池，卫生间做干湿分离。

❸ 将厨房、餐厅、客厅融为一体；拆分阳台，在拆分出来的区域设计单人书房。

❹ 卧室一分为二，增设地台，用作床，且具有收纳功能，保留阳台的晾晒和休闲功能。

◇动线分析

1. 门厅与卫生间合并，形成污净分离动线

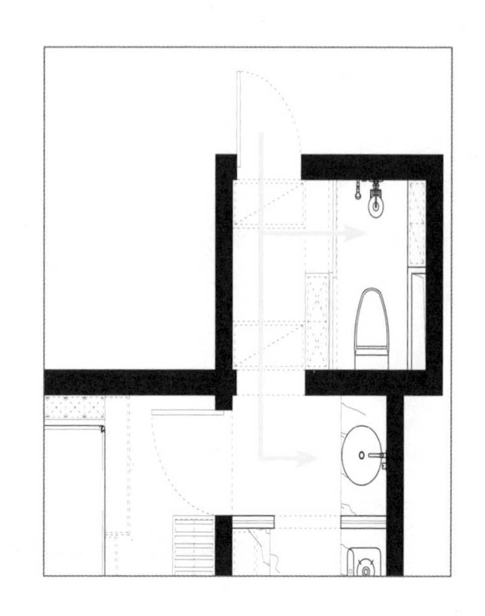

门厅利用顶部空间增加两个对开门吊柜，以便增加收纳空间，可利用入户区右侧墙面作为挂衣墙。卫生间分出一点空间给门厅鞋柜，内部保留坐便器和淋浴的基本空间，在墙下引出污水管，将洗漱池外移，实现卫生间的干湿分离。外出回来后，将外面的脏污都留在洗漱池区域，与室内客厅、卧室等空间分隔开。

2. 客厅、餐厅、厨房一体化设计，缩短用餐动线

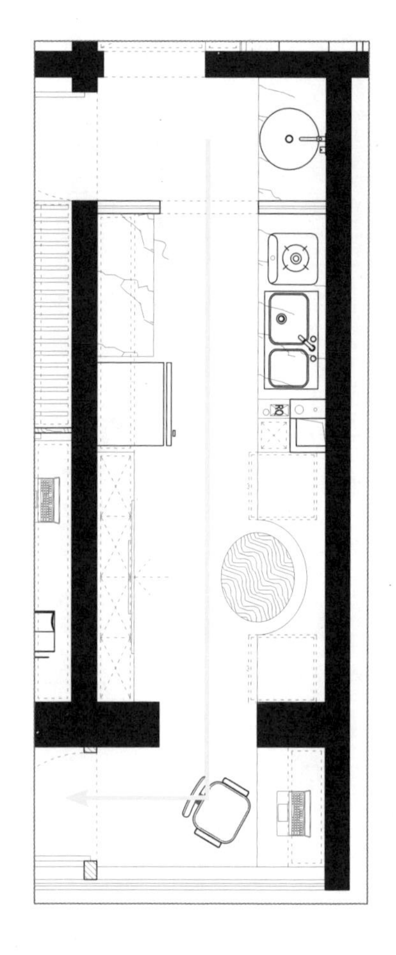

由于户型本身没有客厅，只能想办法设计出一个客厅，厨房采用二字形的操作台设计，一侧正常洗、切、煮，另一侧也可以作为操作台以及辅助烹饪空间，虽然空间小，但功能齐全。客厅和餐厅一体化设置，卡座收纳加电视墙收纳，大大提高了收纳容量。

3. 将卧室空间一分为二，居住动线不间断

如果划分一间卧室面积有点大、两间卧室面积不太够，孩子还小，两间卧室又是刚需，可业主又想要大床，那么权衡利弊只能“拔地起柜”。以地柜为床，以衣柜为墙，在满足放下两张大床的同时最大限度地给孩子腾出学习空间，所以亲子桌是不能少的。两个卧室之间的活动门不仅方便照顾孩子，还能给主卧提供良好的通风。

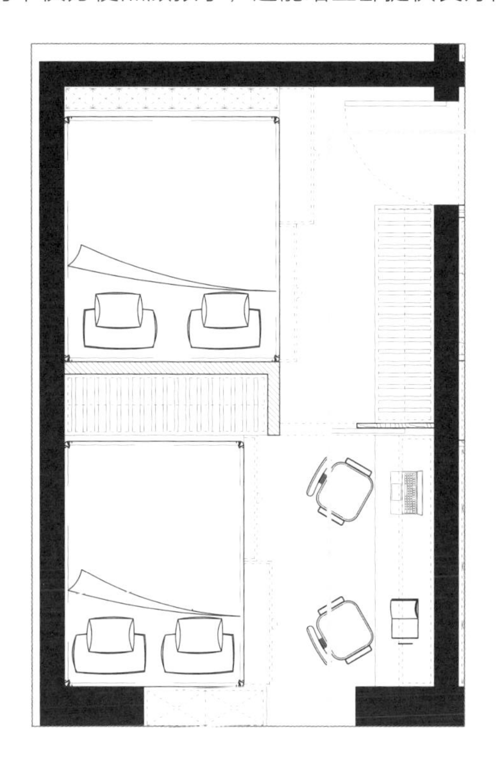

◇方案总结

① 利用垂直空间，增加收纳空间。

② 外移洗漱池，进一步缩小卫生间面积，给门厅分出更多的收纳空间。

③ 两个卧室之间的活动门不仅利于通风和方便照顾孩子，还能在整个室内空间中形成一个环绕动线，使得动线更加流畅。

小贴士

空间合并是小户型装修设计的惯用手法，但不能为了合并而合并，合理性更重要。

2.4 新婚之家：空间布局跟着动线走

房屋概况		
	■ 房屋状况：新房	■ 户型：两室两厅一厨一卫
	■ 套内面积：77m²	■ 房屋结构：框架

来自上海的陈女士与先生购买了一套两居室房屋，这里满载着陈女士与先生的努力、汗水、梦想以及未来，他们也将在这套住宅中抚育下一代。然而在这 77 m^2 的空间里，每一个角落的利用都格外重要。

改造前

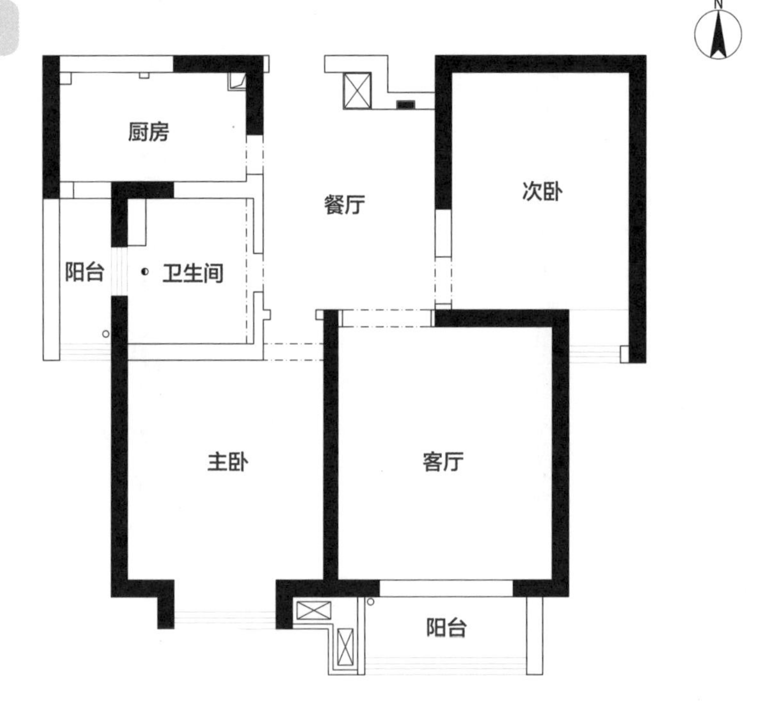

◇户型分析

❶ 入户门正对主卧门，私密性较差，餐厅的空间比较小。

❷ 现有卫生间空间大小适中，但是无法满足三分离设计需求。

❸ 厨房偏小，只能设计基本的橱柜，无法容纳双开门冰箱。

◇业主需求

❶ 夫妻俩需要在家办公，需要办公空间。

❷ 卫生间做完全三分离设计，有双台盆，放置洗烘一体机。

❸ 尽量多设计收纳空间。

❹ 有餐厅岛台或者吧台，需要双开门大冰箱。

◇设计思路

找出房屋动线，考虑动线是否需要优化。将原本的入户动线拐个弯，不走原有动线，直接进入客厅。主卧和卫生间之间是非承重墙，要想办法把这两个空间重新规划，进一步考虑把卫生间后方的小阳台合并使用以达到更好的效果。

客厅改成书房、会客、观影一体的多功能厅。既然不用考虑阳台，那么是否可以把阳台空间并入客厅，甚至做进一步提升，满足访客留宿或者午睡的需求?

改造后

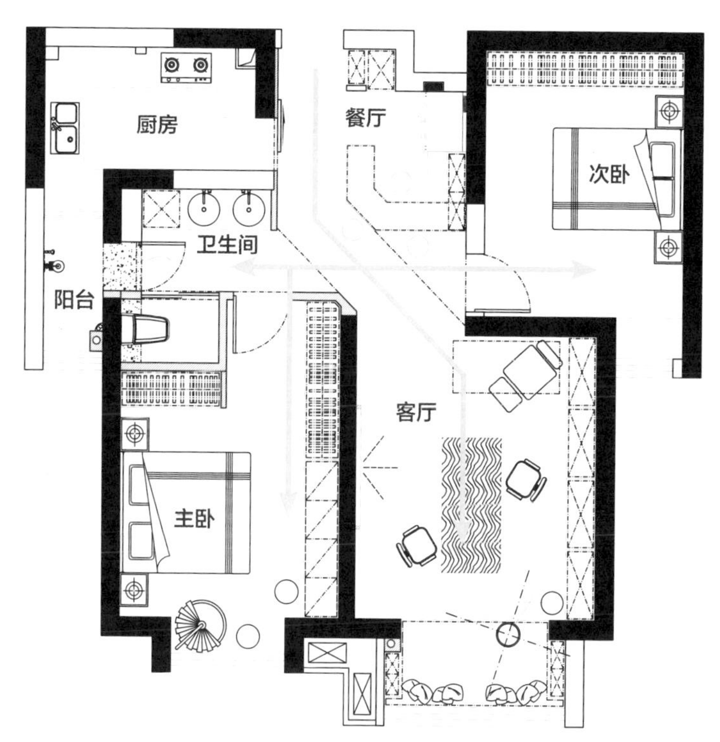

◇设计说明

❶ 在餐厅设计一个半围合式的吧台，作为简餐台，尽量增加吧台长度。将入户门口的空间拉直，作为独立的门厅。

❷ 将主卧门向右移动，主卧开间尺寸足够给床尾让出整排衣柜空间。

❸ 卫生间借用临近的小阳台空间，将浴室置于小阳台处进行卫生间三分离设计，保证浴室内宽度不小于 90 cm。

◇动线分析

1. 抛弃固有的餐厅布置思维，简化用餐动线

考虑到业主比较年轻，生活空间还是要有一点儿小格调，所以餐厅是集合了就餐、家庭酒吧、收纳功能于一体的空间。门厅处有当季常换鞋的收纳柜，还有换季鞋柜，吧台下方除了腾出腿部空间，剩下的空间依然可以做一些收纳柜。双开门冰箱在墙角，旁边延伸出一个小的操作台，可以冲泡咖啡、制作茶饮料。操作台上方设计成酒柜，再加上一些氛围感强的灯光点缀，一个小有格调的餐厅就这么出来了。

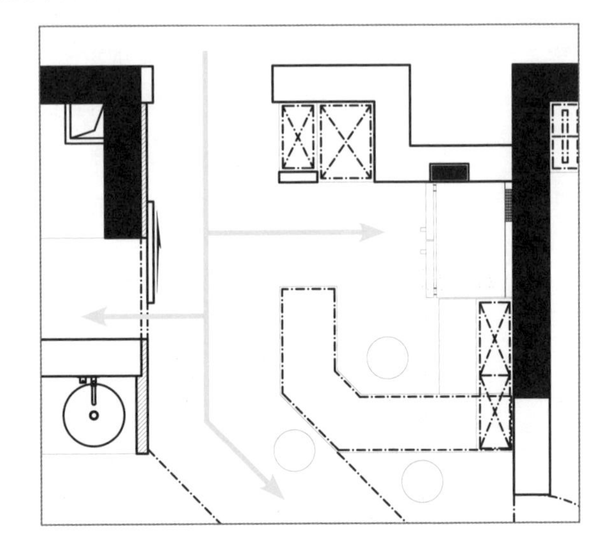

2. 巧抬地面，打造三分离卫生间

由于管道限制，让卫生间黄色阴影部分抬高了 10 cm。坐便器原本在卫生间的窗下，位移 80 cm，为了保证排污通畅，移位时尽量使用圆管而不是扁管，同样，浴室部分也可以增加较粗管道的地漏。坐便区并没有向主卧借空间，而是厚墙改薄墙，使得坐便区宽度达到了 95 cm，淋浴区宽度为 90 cm，正好够用。剩下的空间设计双人台盆，台盆旁边设计上下安置洗衣机、烘干机的浴室柜，同时主卧的门也在一定程度上遮挡了双人台盆。

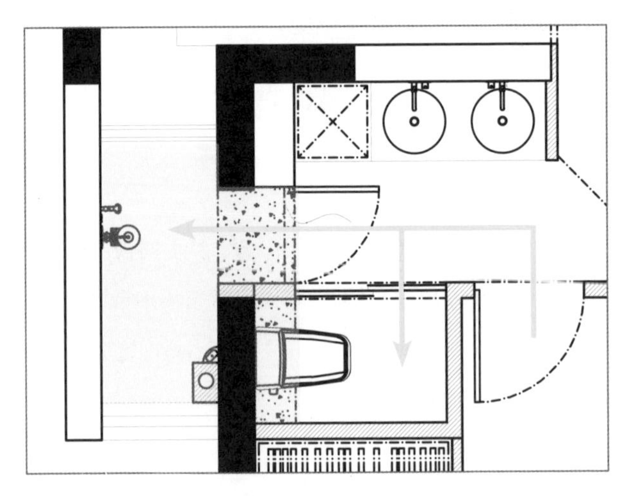

3. 常规起居动线，收纳功能庞大

主卧的门向右移之后，现在衣柜的长度相比原始长度增加了 50 cm，但由于改变了入室通道位置，使得床尾的墙面多出长达 4.7 m 的收纳空间。这就是典型的错位通道借空间的手法，其收纳空间完全不少于常规衣帽间。

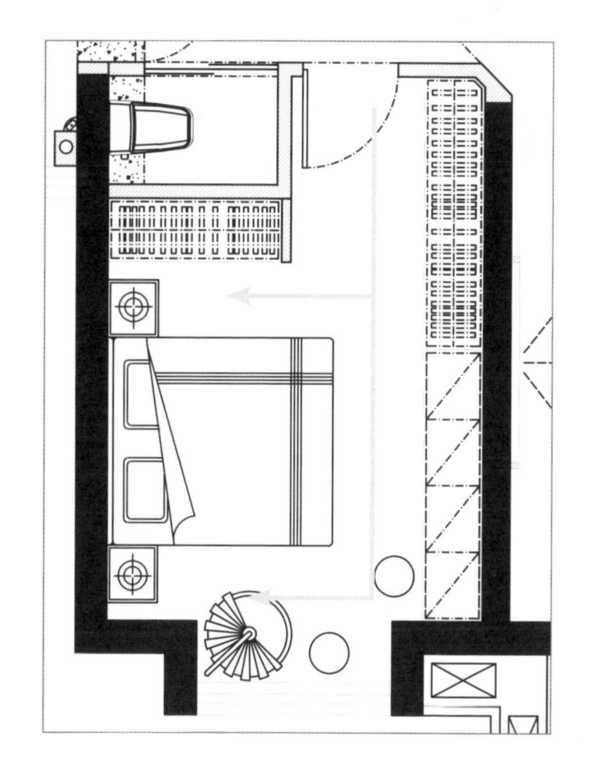

次卧依然保留原始结构，除了放置一排衣柜，其他空间作为活动区，等孩子出生且可以自己单独睡的时候再将这里布置成常规儿童房，仅需要购置一套成品儿童家具即可。

◇方案总结

① 以动线作为设计的切入点，在活动动线、访客动线、家政动线中找到弊端，并给予优化。

② 确定可拆墙体，计算详细尺寸后，按业主需求拆分功能。

③ 结合业主的年龄、生活习惯给予更贴合生活的设计，如餐厅。

④ 找出无用空间或者低效率空间，如阳台，并提高其使用效率以及功能性。

小贴士

为了把空间用到极限，可以把非承重墙全拆掉，试试重新划分空间，或许会有不一样的思路。

2.5 三代五口人的异型空间大改造

房屋概况		
	■ 房屋状况：二手房	■ 户型：一室一厅一厨一卫
	■ 套内面积：58 m^2	■ 房屋结构：砖混

一对来自北京的 34 岁的夫妇委托我做一个异型布局住宅的改造项目。这个住宅空间对于三口之家而言已经是比较紧张，可家中还有两位年迈的长辈，因此需要更多的空间和合理的设计来满足他们的需求。

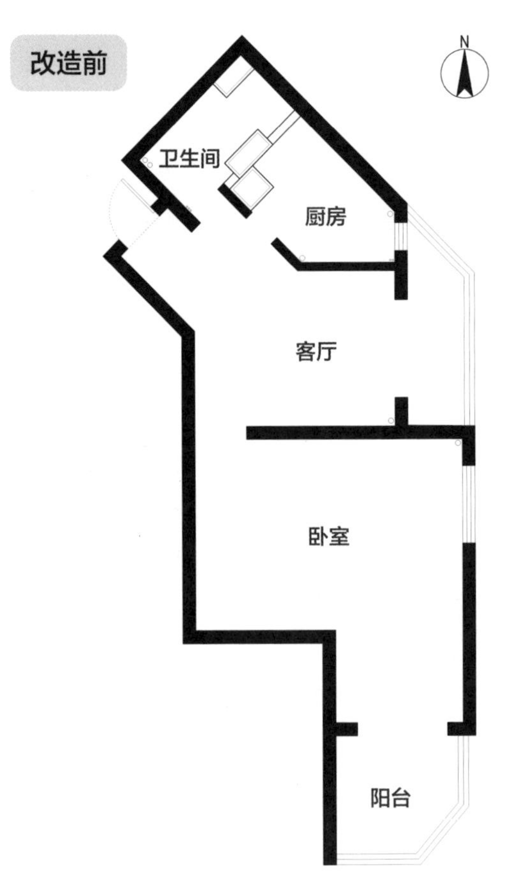

◇户型分析

❶ 砖混结构有大量承重墙体，无法拆除墙体。

❷ 厨房、卫生间空间是异型格局的重灾区，需要重点设计。

❸ 需求远多于房屋所能提供的，需要严格规划尺寸。

◇业主需求

❶ 改成三居室，不要暗厅、暗卧，要有餐厅。

❷ 需要独立的双人办公空间和孩子的学习空间。

❸ 满足日常衣物的收纳需求，要有晾晒阳台。

❹ 卫生间做干湿分离设计，要有洗衣机、烘干机摆放的位置。

◇设计思路

规划出主要的行走动线，找一面较长的墙面来拉伸视觉空间。在剩下的区域先预设三个卧室，再拆分出七个空间。围着异型墙边依次规划，最大化地利用采光面。

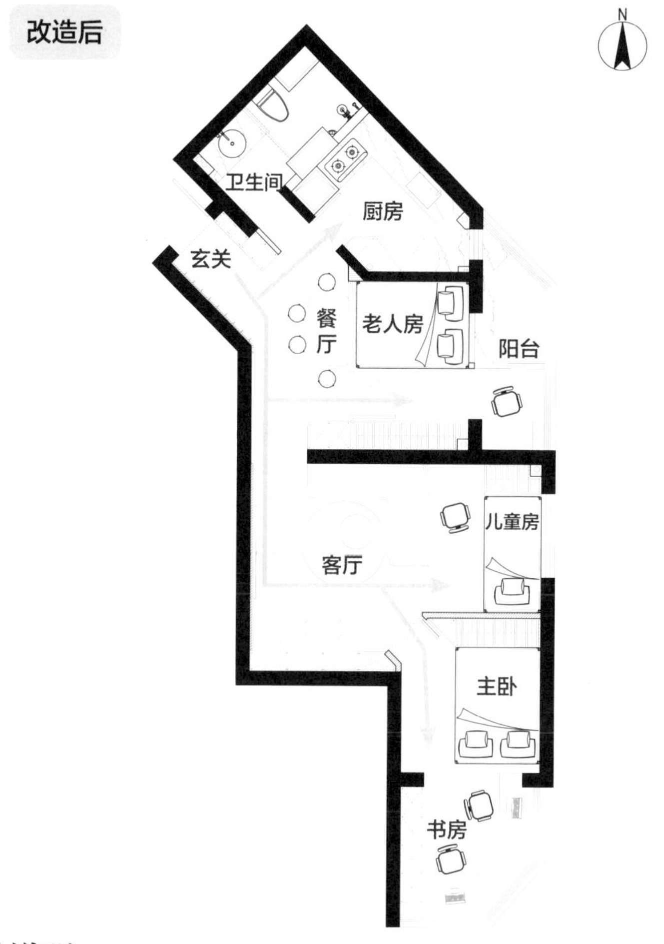

◇设计说明

❶ 优先在采光良好的地方设计卧室，玻璃墙占地面积小，同时可以为客厅和餐厅补充采光。

❷ 家具围着墙面布置，给中部区域尽可能地留出更大的空间。

❸ 全屋采用定制家具，进一步充分利用空间和提升收纳能力。

❹ 书房与主卧合并，在两个空间内减少门和通道。

◇动线分析

1. 起居动线不交叉，采光充足

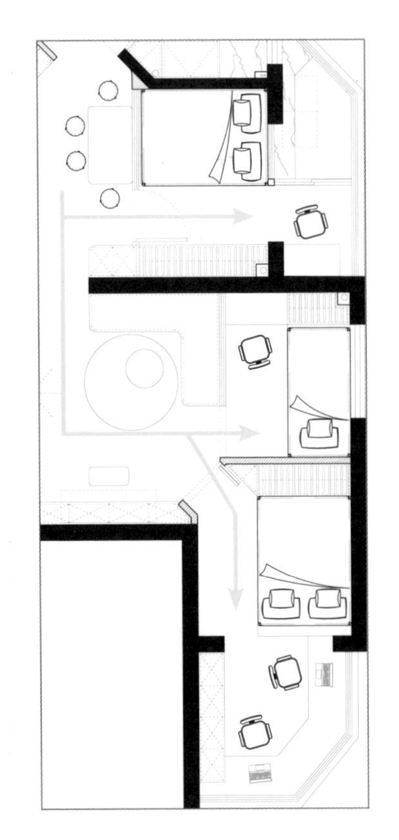

对于面积小、人口多的家庭来说，有各自的独立空间远比宽大的客厅和餐厅更重要，而各自独立空间的采光又是重中之重，毕竟谁也不想睡在昏暗无光的小屋里。

由于空间的限制，床的大小就比较受限了，好在业主能接受小一点的床，那么主卧和老人居住的房间尽量采用不小于 1.5 m 宽的床；儿童房的面积略小，所以只能摆放 90 ~ 100 cm 宽的儿童床。三个卧室都有了对外的窗户，通风、采光都得到了保障。

2. 用玻璃墙给客厅和餐厅二次采光

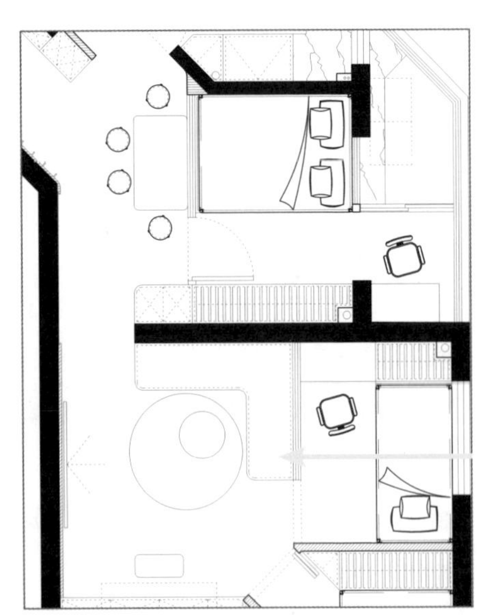

室内的采光面都设计在卧室区域，客厅和餐厅没有任何采光也不行。综合面积小、需求大的因素，在儿童房和客厅、餐厅之间使用玻璃墙，不但减小了占地面积，也给客厅和餐厅增加了很多光照，如果想要保证私密性，那么可以使用磨砂玻璃砖或者拉帘。

3.“以异治异”的斜角动线

由于宽度的限制，主卧只能横向布置，剩下的门洞位置被儿童房占了一部分而无法安装正常的门，并且会突出一个很大的阳角，显得极为突兀。由于房屋本身就是异型，所以干脆“以异治异”，把门斜着做，连接旁边的书柜，书柜下方放置业主的钢琴，完美地解决了主卧开门的问题，没有阳角的客厅空间会显得舒适一些，也省下了一个直角所占的面积。虽然主卧不大，但包含了一个双人工作空间，还是有一定的视觉放大感的。

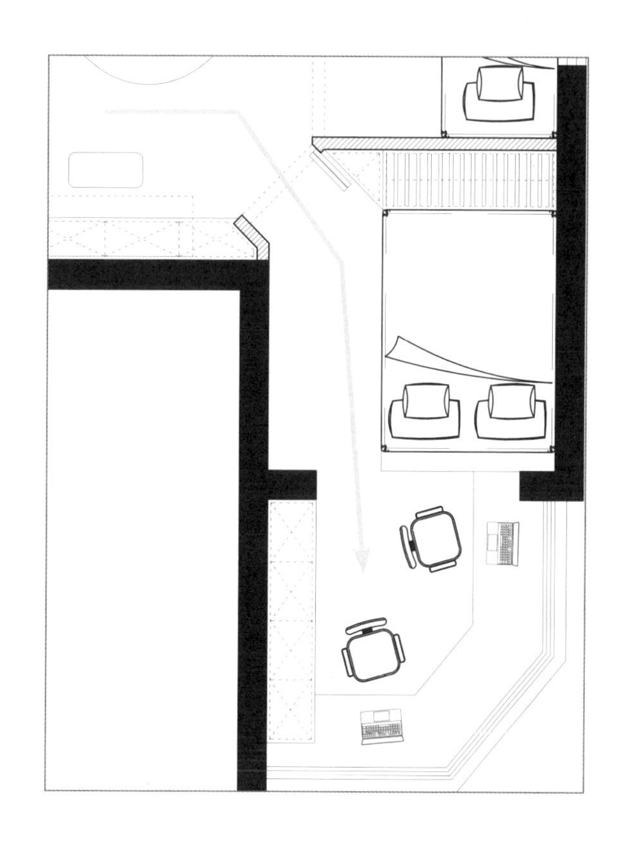

◇方案总结

① 设计异型空间时，先规划动线。

② 在设计小户型、多人口住宅中，私人空间优先于公共空间，卧室采光优先于客厅和餐厅采光。

③ 玻璃墙在小户型中不但节约墙体占地面积，还能给另一个空间提供采光。

④ 以异治异，在本就异型的空间中增加异型设计并不会显得突兀，还能更好地利用空间。

小贴士

异型空间的设计难点并不是处理异型，而是处理阳角。

2.6 动线合并引导环绕行走，空间互不干扰

房屋概况		
	■ 房屋状况：二手房	■ 户型：两室两厅一厨一卫
	■ 套内面积：86 m²	■ 房屋结构：框架

28 岁的业主在北京市购买了一套老房，只有自己一个人居住。原本只有两居室，考虑到未来结婚生育以及父母同住的问题，他需要对房屋进行颠覆性的改造，在保留客厅和餐厅的前提下，再多出一间小书房，以满足未来家庭的需求，并且让家庭成员之间拥有更加舒适和私密的空间。

◇户型分析

❶ 室内承重结构很少，有利于结构改造。

❷ 需要调整入户直入客厅的问题。

❸ 阳台比较长，可以加以利用。

❹ 借卧室空间设计小书房。

◇业主需求

❶ 入户区需要较大的鞋帽收纳空间。

❷ 卫生间需要做干湿分离设计。

❸ 要有晾晒阳台。

❹ 设计餐边柜，要有满足 8 人聚会的空间。

◇设计思路

从入户区到客厅、主卧到次卧规划出最优行动路线。拉伸客厅和餐厅的纵深感，在视觉上使空间更通透。阳台总长度长，可打通。厨房过小，可借用临近小阳台。将主卧和次卧空间一分为二。

改造后

◇设计说明

❶ 客厅与餐厅的空间位置对调，主动线由原来以客厅为中心变更到以餐厅为中心。

❷ 卫生间做干湿分离设计，洗漱台外移，给餐厅留出横向拉伸的空间，同时挤出门厅收纳柜的空间，设计成独立门厅。

❸ 两间卧室以客厅承重墙为基准，分出两个空间，一个设计成小书房，另一个设计成衣帽间。

❹ 保留原阳台长度，打通隔断，连通客厅与卧室，提高业主居住的舒适性。

◇动线分析

1. 清洁动线，有效缩短路线

改变洗漱区位置，向左移动，实现卫生间干湿分离，即使家人同时使用卫生间，也互不打扰，大大提高了使用效率。在洗漱区背面设计收纳柜，实现既拥有独立的门厅，又缩短进门清洁动线。

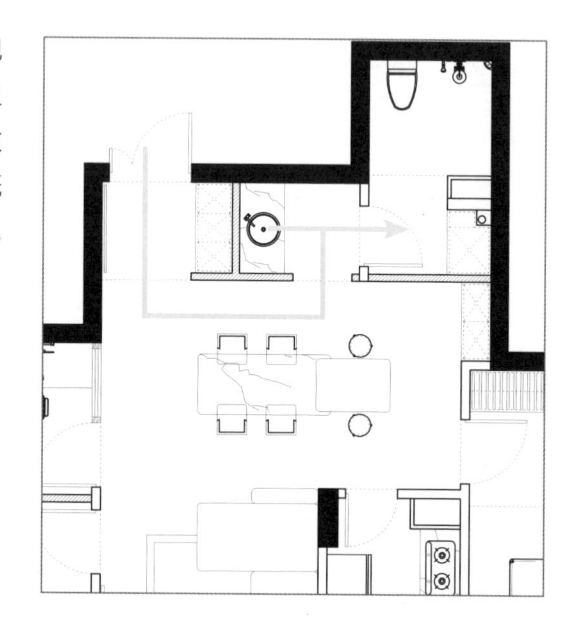

2. 回字形动线，高效利用空间

餐厅的岛台加餐桌占用了很多空间，那么餐厅周围行走空间便更要加以利用。以餐厅中岛为中心，打通周围的空间回路，形成回字形动线，让主动线和餐厅周围的动线合并，既能扩大餐厅空间，让视线通透，又能高效利用空间，不造成面积浪费。

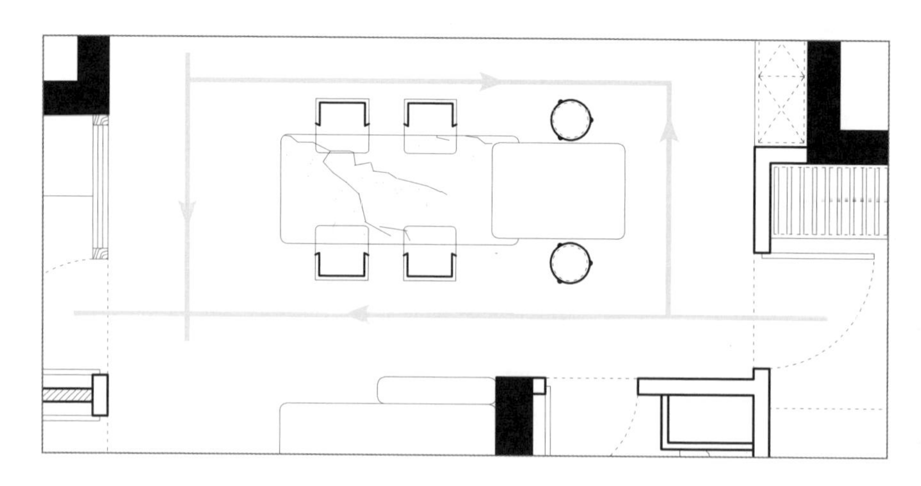

3. 将居住动线和访客动线合并成洄游动线

将阳台原有隔断打通，阳台、客厅和卧室之间形成洄游动线。小户型的洄游动线，通过将功能区串联来实现空间最大化。在空间规划时，考虑好动静分区，划分客厅公共区域和卧室私密区域，当客厅或者卧室的阳台门关闭时，就形成了访客动线或居住动线。

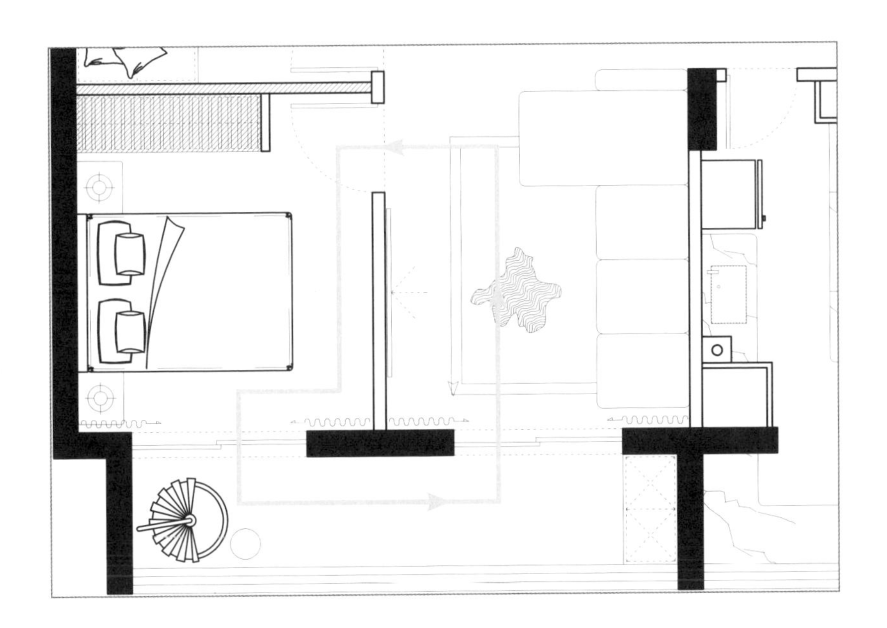

◇方案总结

① 在不变动承重结构的前提下变通空间。

② 通过动线合并引导环绕行走，填补餐厅扩大而损失的面积。

③ 合理分配富余空间，拆分卧室保留可用面积。

④ 尽量保留户型的一些优势，比如贯穿两间卧室的阳台，提高舒适度。

小贴士

在被现有格局困住思维无法突破的时候，试试在图纸上把所有非承重墙全部去掉，换个角度重新规划，往往会有新的思路。

2.7 甘字形动线贯穿整体的改善型住宅

房屋概况		
	■ 房屋状况：新房	■ 户型：两室两厅一厨两卫
	■ 套内面积：96 m²	■ 房屋结构：框架

业主是一对 30 岁夫妻，养育一个 8 岁女儿，正计划两三年内要二孩，所以置换了一套一楼带小院的改善型住宅，不过该住宅只有两间卧室，户型还有一些不规则。那么如何改造才能符合夫妻俩的需求，既不失美观和实用性，又能和邻居有一些不一样的装修设计？

改造前

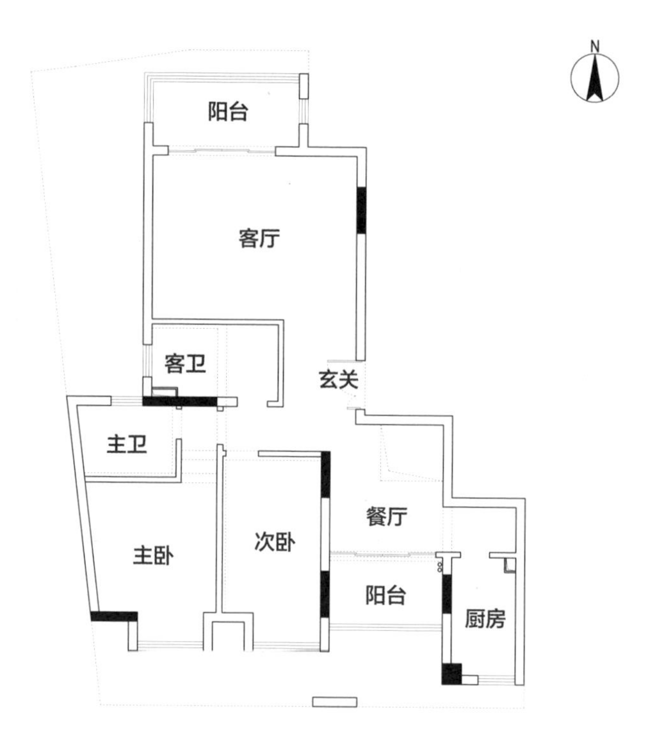

◇户型分析

❶ 房屋处于一楼，前后有院子，有异型结构。

❷ 客厅、餐厅、厨房动线斜跨户型南北两端，动线曲折。

❸ 餐厅空间小，空间利用率低，有一个地下储藏室入口。

◇业主需求

❶ 要有双人办公空间。

❷ 卫生间需要干湿分离且需要双人台盆。

❸ 需要有满足日常 4 人就餐的空间。

❹ 厨房使用率不高，但偶尔需要周末做饭。

◇设计思路

根据业主需求以及现有墙体结构，先规划一个大致的分区。围绕选定的中心区，规划甘字形动线。拓宽厨房和阳台，外扩至庭院。改造地下室入口形状，使入户区与用餐区的动线更流畅。

改造后

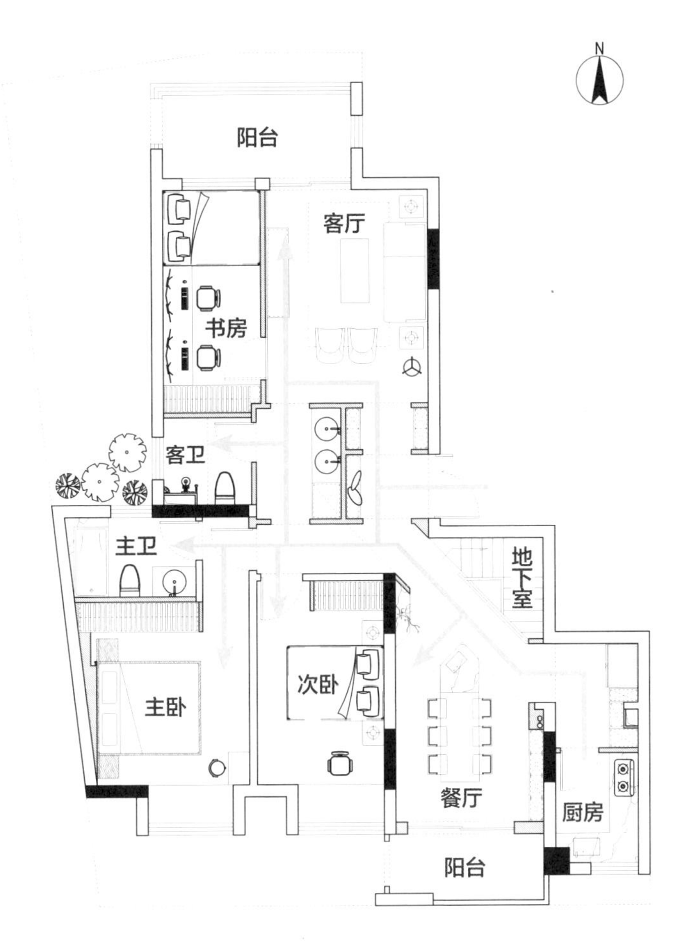

◇设计说明

❶ 从入户中心区向四周扩散式设计，直接将入户门厅、客厅、北阳台、书房兼次卧、主卫、客卫、主卧、餐厅、餐厅及外扩阳台、厨房、地下室入口共 11 个区域串联起来。

❷ 将前期规划的甘字形动线进行延伸，延伸至每个空间。

❸ 细化每个空间的尺寸，合理使用。

◇动线分析

1. 甘字形动线，设计中心区的点睛之笔

本户型的一个优势就是门外连廊空间很大，可以自行改为外开门，外开大门给室内减少了开门所占的空间。同时在室内入户区中间增设一堵墙，围绕这堵墙便可以打造入户区域及入户端景、右侧独立的小鞋帽间、背面双台盆以及旁边的收纳柜，并形成甘字形动线，缩短入户收纳清洁动线，也改变了门厅的单调感，增添了空间的灵动性与实用性。洗衣机也可以放在双台盆旁，虽然室内空间还算充裕，但最终洗衣机还是放在了阳台。

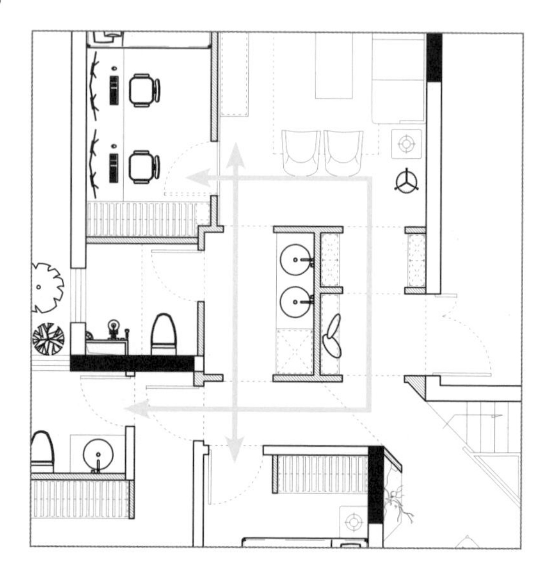

2. 餐厅斜向动线，简化客厅、餐厅、厨房动线

外扩的餐厅给室内增加了不少空间，外扩面积是一楼独有的优势，客厅通向餐厅的动线却有些曲折。地下室并不是很大，可以设计成孩子的手工间或者健身房以及储藏室。为了使餐厅动线畅通，同时保留合适的地下室入口尺寸，在原先入口处“斜切一刀”改为三角形楼梯，扩大餐厅空间感的同时也让客厅、餐厅、厨房动线路径最短，减少了绕行的时间，又不妨碍出入地下室，一举三得。

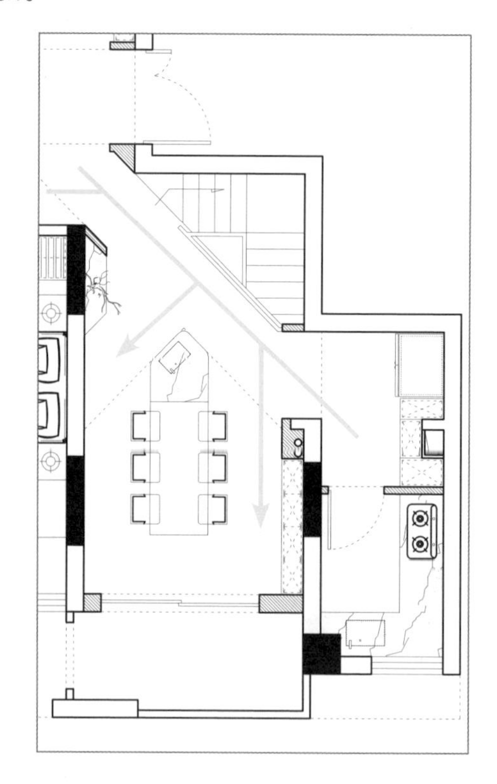

3. 划分客厅区域，形成书房动线

因为客厅开间较大，所以按照常规布局进行功能排布，发现空间怎么利用都不合理。拆除原阳台推拉门，将客厅一分为二，设计 2.1 m 宽的小书房，书房够用，客厅宽敞。双人书桌可摆下 4 个电脑屏幕，书房内有 1.5 m 宽的床，有整排衣柜作为收纳空间。目前怀二胎还在计划中，若是女孩，两个孩子可以同住一次卧；若是男孩，此书房可以单独作为儿童房。至少书房加客房的问题已经初步解决。

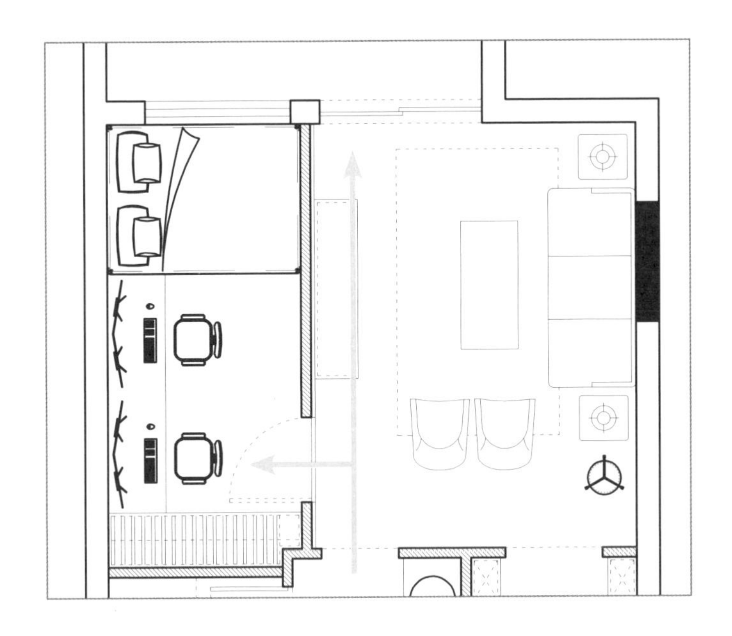

◇方案总结

① 先规划区域再规划动线，将原曲折的动线连贯起来。

② 合理使用中心区，围绕中心区做扩散式设计留出合理通道。

③ 取直餐厅动线，改变周围形状获取最短路径。

④ 原主卧、次卧空间宽敞，不必做改动，留出供两个儿童同住一屋的空间。

小贴士

改善型住房每个空间的尺寸都比刚需住房要大，不要按照刚需住房思路来设计，否则空间利用不当，会造成更多的面积浪费。

2.8 小拆小改，沿动线做收纳

房屋概况	■ 房屋状况：新房	■ 户型：四室两厅一厨两卫
	■ 套内面积：102 m^2	■ 房屋结构：框架

这是来自杭州市的业主于 2019 年购置的一套四居室住宅。现在一家三口居住，业主经济条件不错，计划三年内再要一个宝宝，所以父母要在这里居住一段时间以便帮忙带孩子。这套看上去应该够用的小四居室，业主还有一些自己的小想法。

改造前

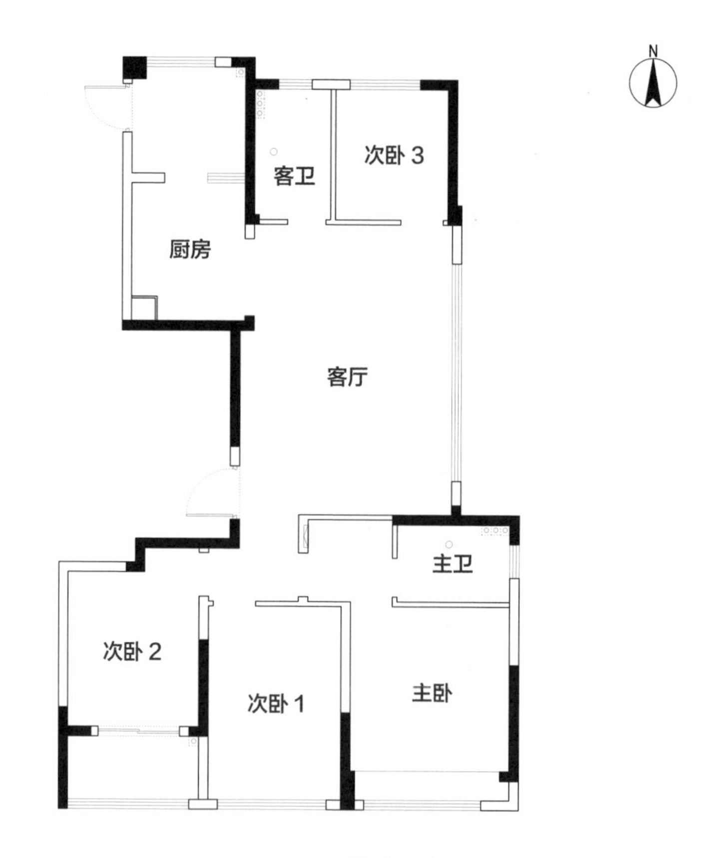

◇户型分析

❶ 布局紧凑，每个空间都无富余空间。

❷ 客厅横置看似宽敞，实际有些拘谨。

❸ 卧室空间的采光都不错。

◇业主需求

❶ 设计一间儿童房。

❷ 客厅兼顾儿童活动的空间。

❸ 主卧要有女主人练瑜伽的空间。

❹ 需要充足的收纳空间。

◇设计思路

原户型动线交叉少，避免了互相干扰，所以保留原有动线。解决一入户就看到电视墙阳角的问题。主卧衣柜收纳空间不足，在原有户型基础上进行优化，对墙体不做过多的改动。

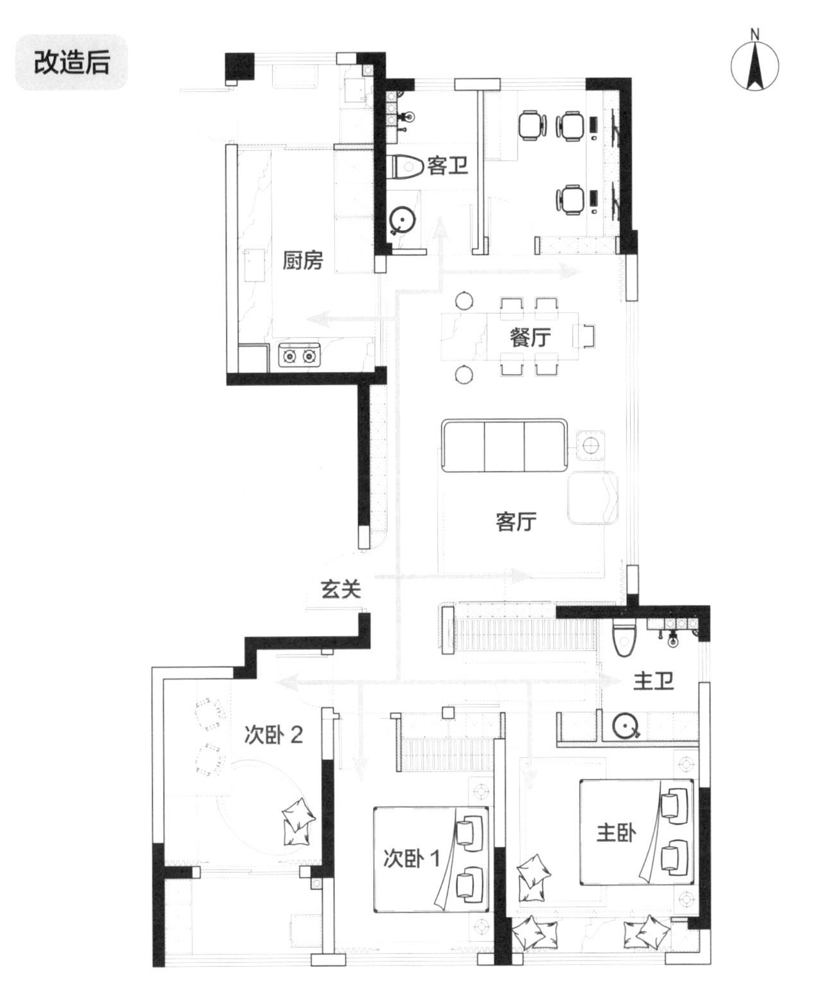

◇设计说明

❶ 保持户型原有的动线优势，依据动线规划收纳空间。

❷ 拓宽主卧卫生间的面积，增加收纳空间。

❸ 在客厅不摆放茶几，预留出孩子在客厅玩耍的空间。

❹ 餐桌带高位吧台，可以遮挡卫生间的门。

◇动线分析

1. 入户动线流畅，收纳空间充足

原入户区域不仅正对电视墙阳角，又是电箱位置。为减少施工成本，采用延伸电视墙的方式，绕着阳角做弧形处理，让原本尖锐的边角更圆滑，同时兼具装饰性。

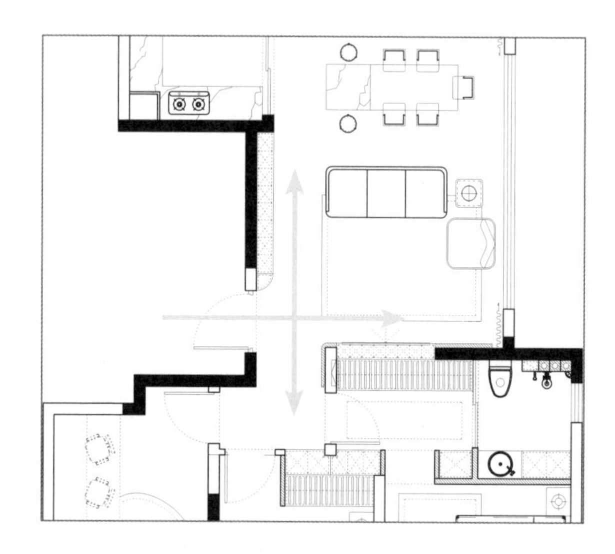

进门左侧的收纳柜以同样的方式处理，与电视墙的弧形角形成对称，既提升美观度，又能有效避免孩子玩耍、行走时撞上阳角。整面墙的收纳柜能放得下大部分日常物品，满足业主的收纳需求。

2. 使用高位中岛餐桌吧台，集中家务动线

卫生间门挨着厨房门，餐厅、客厅，厨房、书房都集中在这一块。这时候安置一个高位吧台，既虚化了周围门洞位置，又部分遮挡了卫生间的门，配合多功能餐桌使用，是一个实用的中岛餐桌吧台。

将中岛餐桌吧台放置在餐厅中间的位置，四周都可以走动，形成洄游动线，从餐厅到厨房、卫生间和卧室的多条动线之间减少交叉，方便家庭成员活动。大人在岛台做家务的时候，能随时照看在客厅里玩耍的孩子，加强家庭成员之间的沟通，提高幸福指数。

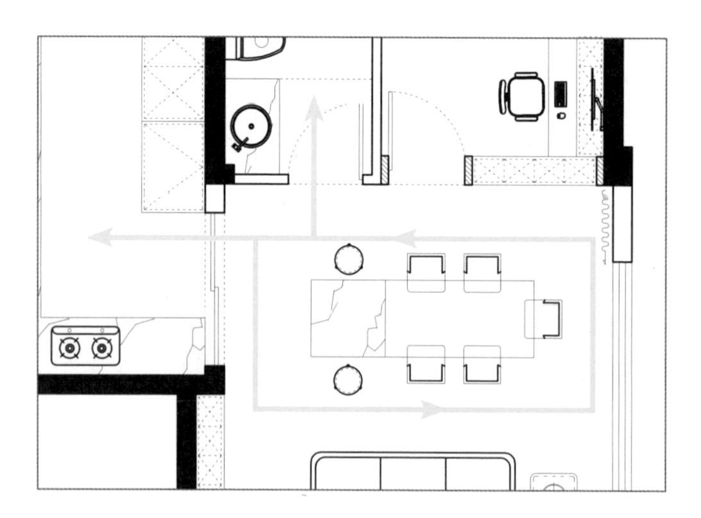

3. 拓宽卫生间，扩充收纳空间，让梳洗动线更便捷

由于女主人需要在床尾区域练瑜伽，所以在确定床的方位后要留出床尾足够的空间，剩下的空间横向压缩，把卫生间横向拓宽 60 cm，并缩短长度。这样，衣帽间的长度和宽度都能得到扩展，次卧 1 在保证房间内衣柜够用的情况下也把墙向内压缩一个柜子的厚度，最后主卧便得到了一个收纳空间翻倍的衣帽间。

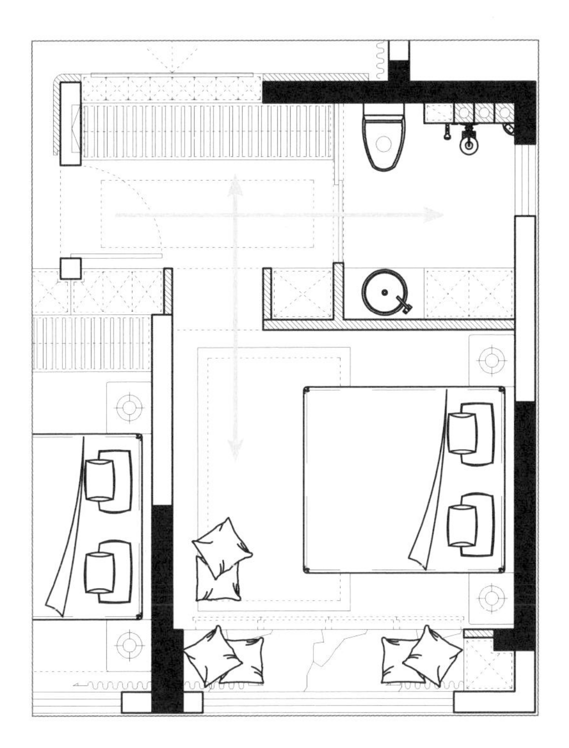

◇方案总结

① 保留原有动线，沿着动线规划收纳。

② 以柜为墙，减少占地面积的同时增加收纳空间。

③ 中岛餐桌吧台弱化厨房门、卫生间门正对客厅、餐厅的情况，同时增加了实用性。

④ 拓宽卫生间，扩展衣帽间。

小贴士

改变卫生间形状时应注意管道位置、是否能改变地漏的位置，要提前进行详细的现场勘察。

2.9 T形动线与“借空间”并行的住宅改造

房屋概况		
	■ 房屋状况：二手房	■ 户型：三室两厅一厨两卫
	■ 套内面积：107 m^2	■ 房屋结构：框架

来自广州市的曾先生购买了一套学区房，家中育有一儿一女，孩子的爷爷奶奶不住在这里，但是每天会来做饭，全家一起吃，还有一些特殊原因需要住家教师。这使得原本还算宽敞的房屋显得有些不够用，那么这套房屋该如何更高效地利用呢？

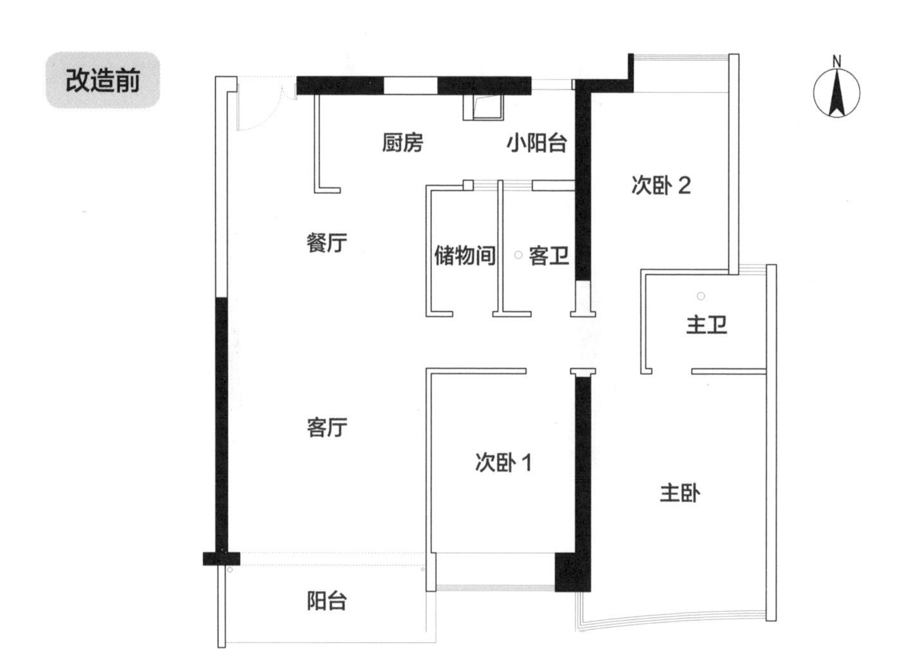

◇户型分析

❶ 独立的门厅太大，使得餐厅、厨房的利用率不高。

❷ 厨房连接着一个小阳台，中间烟道降低了利用率。

❸ 主卧卫生间门正对床，衣柜收纳空间不足。

◇业主需求

❶ 夫妻俩需要有阅读和工作空间。

❷ 需要给住家老师安排居住空间。

❸ 女儿要有自己独立的居住空间。

❹ 日常七口人就餐，想要长餐桌加中岛。

◇设计思路

原户型门厅使用率太低，考虑是否可以增加厨房方向的动线来提高门厅的利用率。餐厅和客厅宽度相同，因为业主需要摆放长桌，所以压缩一些餐厅宽度，挤出的空间分给储藏室，让储藏室变成一间小次卧。主卧衣柜收纳空间少和卫生间门对着床的问题需要做进一步详细规划。

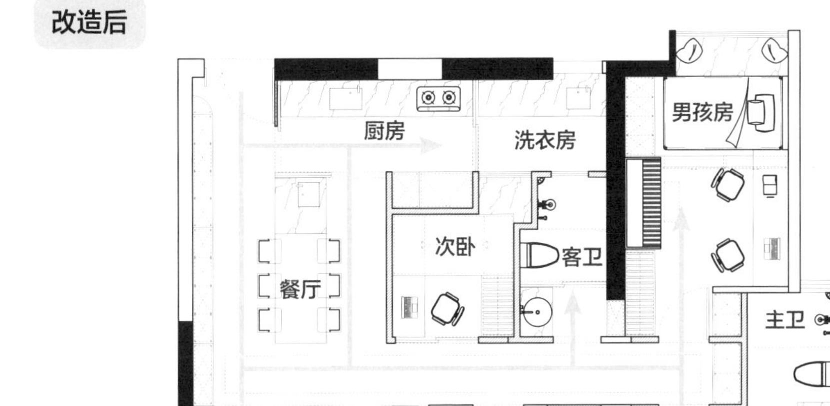

◇设计说明

❶ 小范围重新规划空间，对每个空间的尺寸进行微调。

❷ 错开两间儿童房门的位置，避免相互打扰，并都规划了亲子学习书桌。

❸ 收纳空间的动线设计以直线为主，保证家庭成员行走畅通。

❹ 扩大储藏室面积，设计成小次卧，方便住家老师居住。

◇动线分析

1. 增加厨房入口位置，入户区和厨房动线更顺畅

入户鞋柜在子母门的子门边，连通餐边柜、电视柜，形成连贯的收纳柜。拆除原厨房侧墙，设计成移门，改变进入厨房的动线，方便买菜回家后直接进入厨房，提高门厅的利用率。

厨房进出动线变成 T 形，横向移门配合竖向移门，使厨房日常可变为敞开式，需要关闭的时候也可以拉上门。同时，中岛使其拥有环形的使用动线，日常多人就餐时也不会显得拥挤。

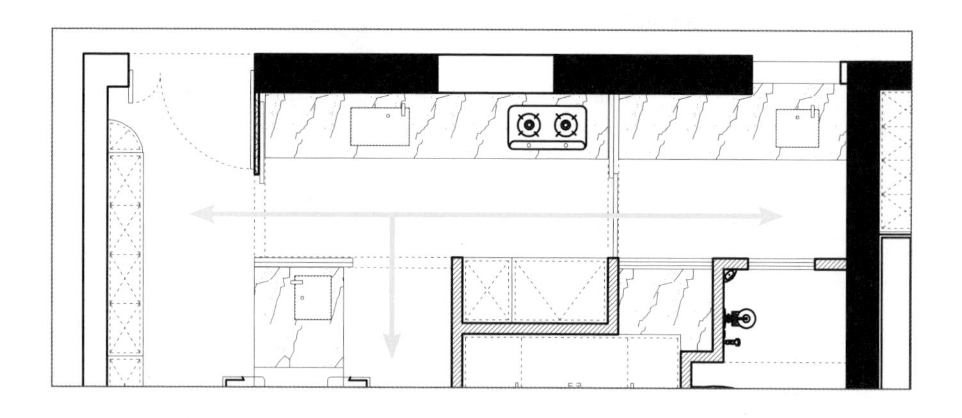

2. 向临近空间“借”面积，扩大次卧空间

原储藏室面积适中，向餐厅横向扩展后，把原储藏室空间压缩一点给厨房安置冰箱，原洗衣房空间向厨房方向拓宽，这样就可以给原储藏室增加一个采光窗户，形成 S 形墙体。窗户做成飘窗的形式，再向卫生间借 20~30 cm 宽度，进一步扩大飘窗面积，再将向洗衣房的窗户下面设计成收纳矮柜，原储藏室至此就变成了一个方正的小卧室，放置 1 m 宽的收纳式榻榻米、1 m 长的书桌和 1 m 宽的衣柜，足够收纳住家老师的日常用品。

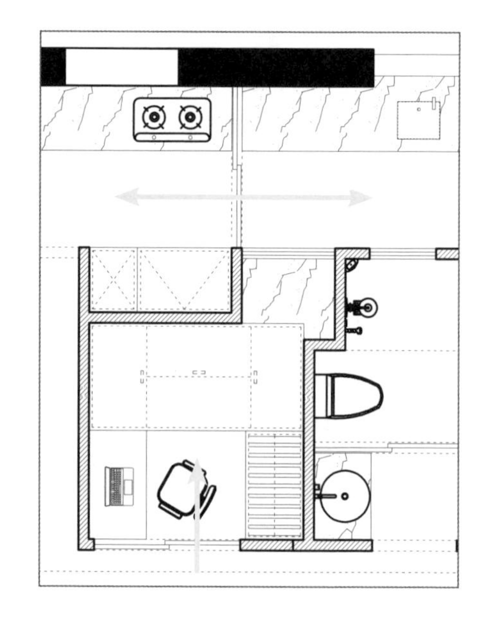

3. 主卧和主卫的调整

主卧空间需要布置休闲式阅读书桌，还要解决主卫的门正对床的问题。把主卫由横向变为竖向，改变开门方向，移动主卧和男孩房门的位置，让两个卧室的衣柜都沿墙而做，形成直线形收纳，同时增加了过道的收纳和男孩房收纳空间。在主卧床边布置休闲式阅读书桌，小小的办公区域就形成了。

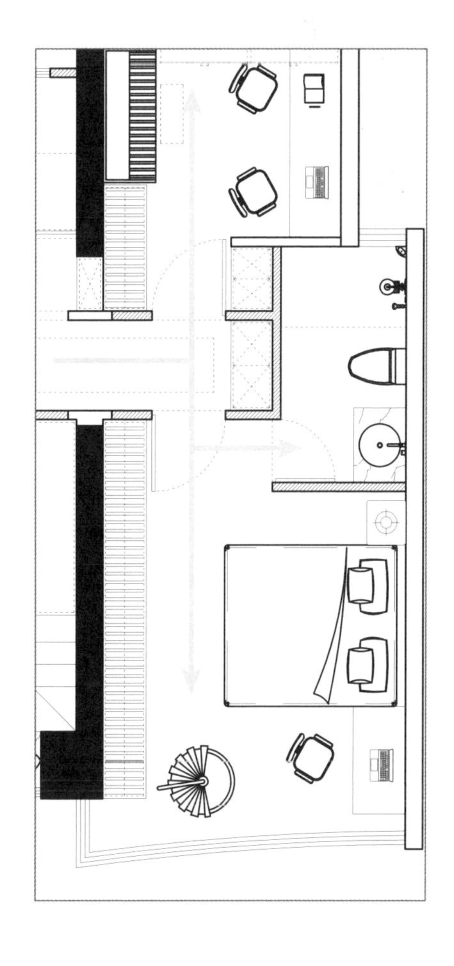

◇方案总结

① 拆除不必要的墙体，改变餐厅、厨房动线，移动部分墙体增大利用率。

② 厨房增加进入线路并合并中岛活动线路，使餐厅既能放置长桌又能实现业主想要的中岛。

③ 储藏室变房间是最难的设计，考虑四周的空间是否受到影响进而优化周围的空间。

小贴士

大家可以放心大胆地改造，通过空间优化多出 1 m^2 的空间也是值得的。

2.10 房间多、人少，合并空间才能更好住

房屋概况		
	■ 房屋状况：新房	■ 户型：四室两厅一厨两卫
	■ 套内面积：128 m^2	■ 房屋结构：框架

北先生和他的爱人在绵阳市购买了一套 100 m^2 的四居室，100 m^2 怎么会有四居呢？原来户型图中阴影部分全是赠送的面积，虽然有墙分割，但都可以拆掉，使得套内面积居然达到了 128 m^2 。夫妻俩已经开始畅想在这里的快乐生活，但是还有一些需求无法满足。

改造前

厨房 门厅 N
次卧 1 餐厅 次卧 3
客卫 主卫
客厅 次卧 2 主卧

◇户型分析

❶ 客厅、餐厅、门厅独立，面积够大。

❷ 两个卫生间居于下沉空间，便于改造。

❸ 厨房连着赠送区，可加以利用。

❹ 阳台没有污水管道，无法安装洗衣机。

◇业主需求

❶ 主卧需要配置卫生间、书房、衣帽间，开放式挂衣区，预留猫爬架。

❷ 在阳台收纳杂物和养猫。

❸ 有收纳功能强大的餐边柜。

◇设计思路

由于户型方正，动线顺畅、无交叉，不需要再规划动线。只要划分好区域，在每个区域内再做详细规划即可。将主卧、次卧 3 合并，形成功能齐全的套房。设独立门厅，形成入户玄关区。在客厅、餐厅设计收纳空间，增加餐边柜。其他空间按照现有格局稍做改动，客卫的门尽量避免对着客厅。

改造后

◇设计说明

❶ 打通所有赠送的空间，统筹规划。

❷ 在独立玄关处设计入户端景，提升入户氛围感，并沿墙设计收纳柜。

❸ 客厅和餐厅空间规整，可设计整墙的收纳柜。

❹ 将主卧、次卧 3 的卫生间合并，按需求设计成三分离卫生间。

◇动线分析

1. 设计入户端景，空间不凌乱

原入户门厅面积过大，不如多分出一些空间给餐厅，使其变得更开阔。以厨房为基准，在保证厨房宽度够用的前提下，分出空间给餐厅，同时缩小入户门厅面积。

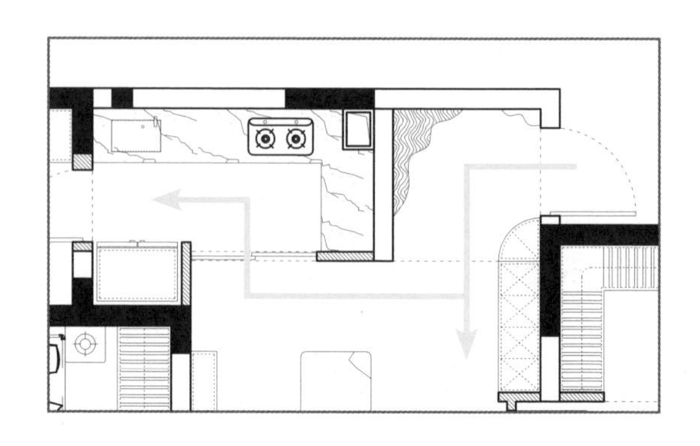

这样，入户门厅既拥有宽敞的入户通道，又可结合换鞋凳进行造景设计，可以随手放置物品。

2. 主卧与次卧合并，功能需求全满足

原主卧的门与主卫的门相邻，业主又要求卫生间做三分离式设计，这样必然会产生过道和要预留开门的空间，那么做三分离式设计就会增加难度，同时卫生间门还对着餐厅，如何避免这样的事情发生呢?

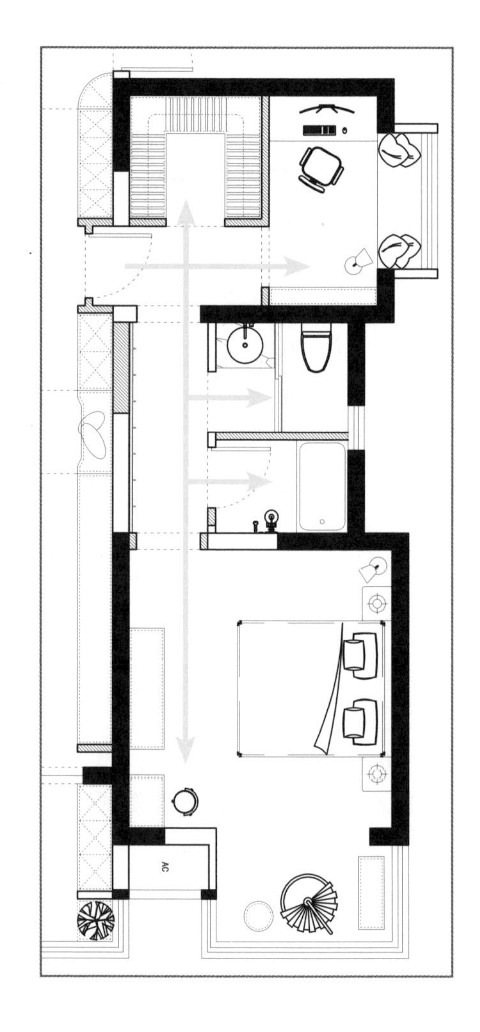

改变原次卧 3 门的位置后，原次卧 3 一分为三——书房、衣帽间、通道，那么原来进入卧室的通道就变成了业主需要的开放挂衣区，同时主卫也可以更好地做三分离式设计。赠送的空间变成了一个套间内的休闲区，并在其中设计猫爬架。

3. 移门换位，改变动线

原主卫的门正对客厅和餐厅，次卧 2 旁边有一个很深的进门通道，这就给新客卫改变门的方向提供了很好的位置。

把客卫的门向南稍稍移动，避免门正对客厅和餐厅的情况，将原先的台盆位置和淋浴位置对换。需要注意的是这个下沉式卫生间，需要布管填埋，所以在这个区域内的坐便器、淋浴间、台盆都可以随意移动。移动门的位置后，避免卫生间门正对客厅和餐厅；缩短次卧的入门通道；将原卫生间门的位置变成了正对客厅和餐厅的端景，可谓是一举三得。

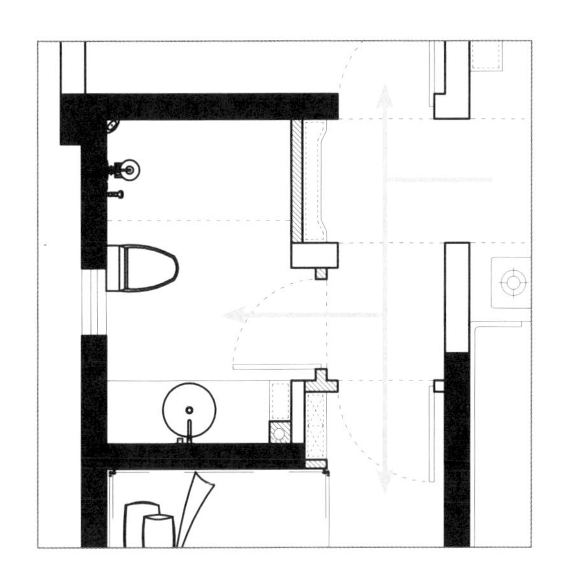

◇方案总结

① 适当缩减厨房和门厅空间，扩大客厅和餐厅，使其更宽敞。

② 客厅和餐厅配置直线式收纳柜，保证客厅和餐厅空间的通透和规整。

③ 合并主卧、次卧 3，改变卧室门的位置，设计开放式挂衣区，避免主卫门对着餐厅，同时让主卫能更好地实现三分离设计。

小贴士

合并空间是解决住宅面积大、人少问题的常见做法，但一定要了解未来 3 ~ 5 年的人口变动情况，在前期设计的时候要将其考虑进去。

多条回字形动线重合但不重复

房屋概况	■ 房屋状况：新房	■ 户型：六室两厅一厨三卫
	■ 套内面积：203 m^2	■ 房屋结构：框架

业主住在三线城市，家境优越、工作稳定，非常热情好客，对这套即将交房的203 m^2大平层住宅充满各种想象，要把各个家庭成员的喜好和要求都顾及；孩子需要很独立空间，业主需要很多储物空间。

改造前

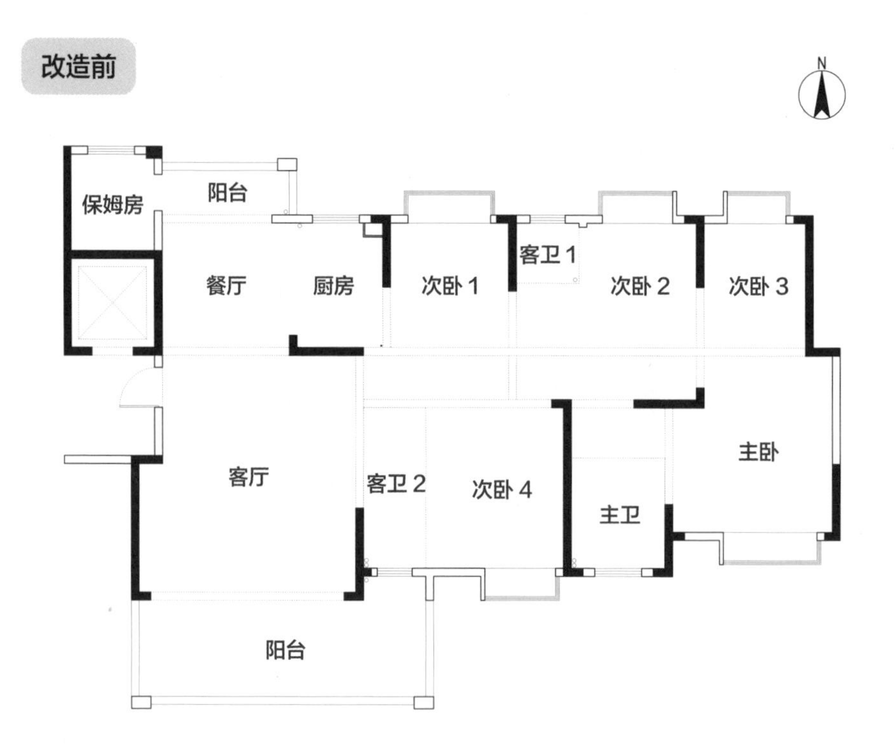

◇户型分析

❶ 南北通透，双阳台。

❷ 新房，可改造空间大。

❸ 分区明确，有独立保姆房或者储藏室。

◇业主需求

❶ 需要二间卧室、一间书房。

❷ 主卧要有超大衣帽间。

❸ 两个孩子都有独立的居住空间。

❹ 阳台要有喝茶的地方。

◇设计思路

这是教科书式的户型，找出户型原始动线，并且保留。根据动线进行空间分配，结合家庭成员人数，调整空间的功能设计。

改造后

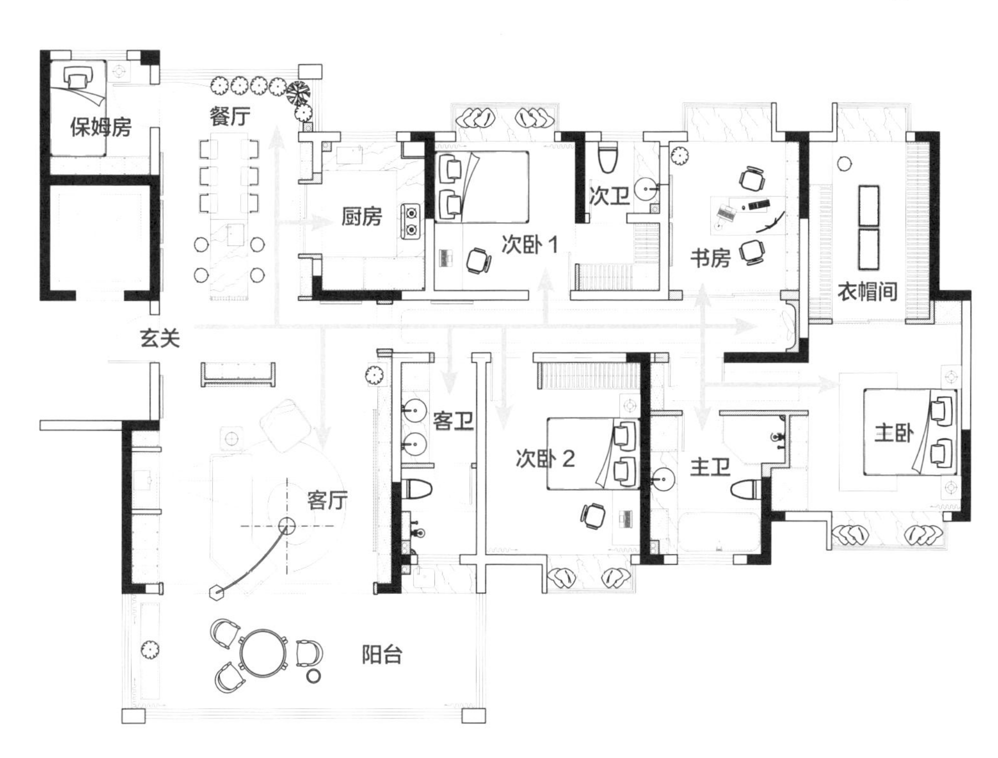

◇设计说明

❶ 由于有独立入户的电梯厅，所以可在室内舍弃玄关功能区，让空间进一步扩大。

❷ 打通北阳台，与餐厅合并，设计室内小花园，进一步提升餐厅的开阔感，营造休闲的氛围。

❸ 降低客厅、餐厅之间的通透感，增加装饰性收纳功能区。

❹ 将原次卧 3 合并进主卧内，满足女主人有超大的衣帽间的收纳需求。

◇动线分析

1. 访客动线

围绕餐厅、客厅之间的收纳区域形成洄游动线，客厅和餐厅又各自又形成回字形动线，让亲朋好友游走在客厅和餐厅中，既避免了人们站在公共区域可一眼看清室内全貌，又显得家中格外的开阔、大气。餐厅通透明亮且绿意盎然，客厅视野开阔，阳台有休闲感，书房有私密感，中部卫生间有隐秘感，既满足了家庭成员对私人空间的需求，又满足了亲朋好友来访时的需求，毫无拘束感。

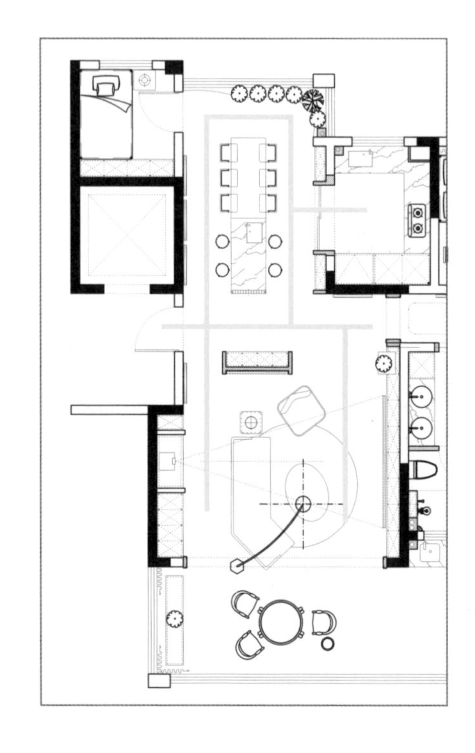

2. 家政动线

家政动线包含了烹饪、洗衣、晾晒、收纳、打扫等一系列的家务劳动，是户型中最烦琐的动线。短直的家政动线对大平层住宅格外重要。无论是保姆打理还是家庭成员自己打理，动线简短不绕弯，可以提高工作效率，在最短路径内完成公共区域的打扫清洁工作。

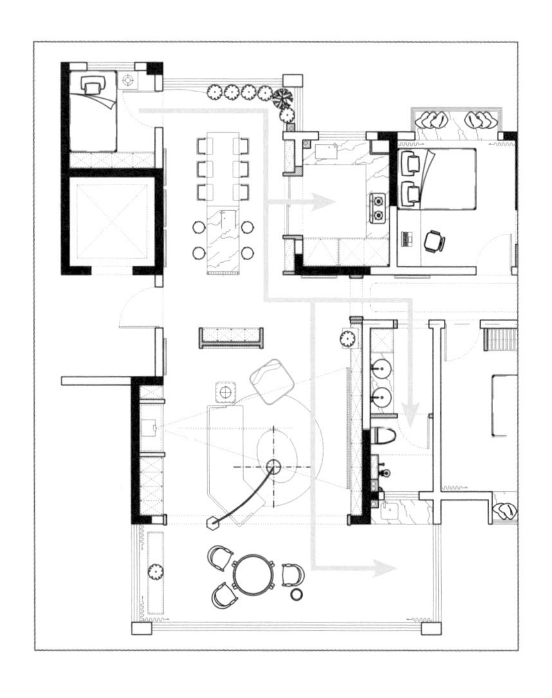

3. 家庭成员的总动线

总动线是指到家里每一个角落的动线，这里包括了访客动线、家政动线、子女玩耍动线、学习动线、工作动线、休息动线、娱乐动线、就餐动线等。总之动线设计是户型改造设计的重要部分，和划分区域一样都是最基础部分，如果这两项确定了，那么剩下的部分都在这基础上延伸即可。

从公共区域到私密区域的多条动线互不干扰，动线虽长但不乱，符合家庭成员的生活方式。

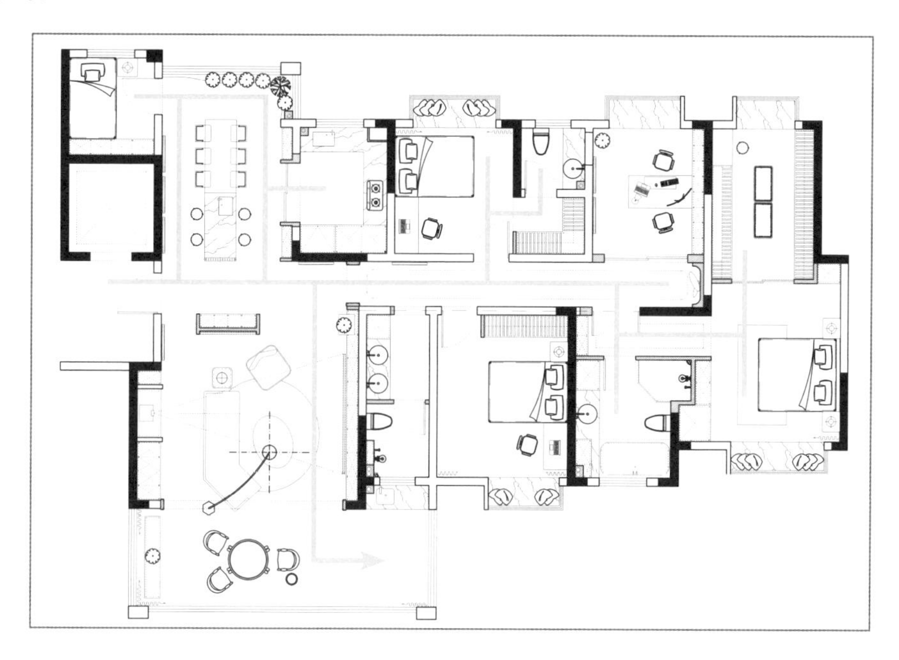

◇方案总结

① 将所有采光面打开，使空间通透。

② 保证各区域的行走通道满足最小开间尺寸。

③ 合理分配家庭成员的私密空间。

④ 客厅开间较大，前后双通道形式更具空间感。

小贴士

访客动线是指客人来家中做客时的活动路线，主要涉及客厅、餐厅、卫生间等公共区域。大宅的访客动线设计核心——多条动线不重复。

2.12 大刀阔斧的改造：普通住宅变露台大宅

房屋概况	■ 房屋状况：新房	■ 户型：两室两厅一厨一卫一露台
	■ 套内面积：71 m^2	■ 房屋结构：框架

很多人都不愿意购买顶楼的房子，如果白送 27 m^2 再加上一大露台呢？来自成都市的刘女士购买了一套顶楼的房子，孩子快到上小学的年纪，与父母同住，套内只有 71 m^2，可是房屋西南边有一个赠送的 27 m^2 的面积，还赠送一个 20 m^2 的露台，利用好附加的面积，也许有意外的惊喜。

改造前

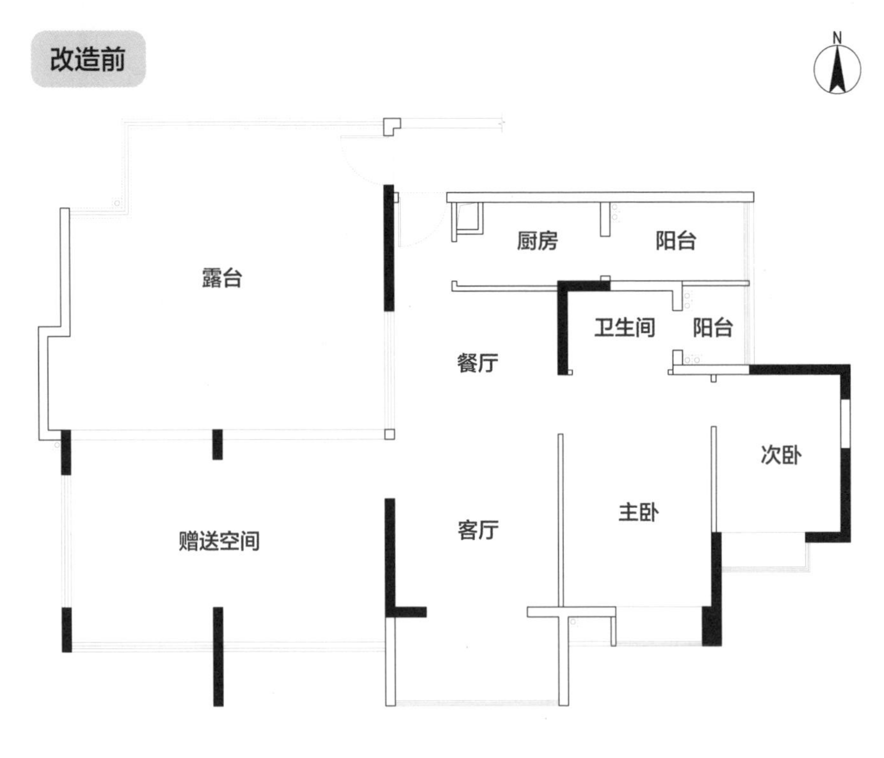

◇户型分析

❶ 卫生间连通小阳台，厨房也连通一个阳台，并且两个阳台挨着，有改造成双卫的潜力。

❷ 赠送的空间净高较高，南北向采光充足。

❸ 露台可以搭建小面积的雨棚。

◇业主需求

❶ 需要三间卧室，另外有陪孩子学习的空间。

❷ 单卫生间改双卫生间，最好都有采光。

❸ 需要开放式厨房，要一个水吧台或者西厨区。

◇设计思路

现有户型格局已经不能满足业主的需求，需要扩充面积。去除所有可拆墙体，根据业主需求重新规划空间，用最短的动线连接室内和赠送面积区域。根据管道位置，寻找改造双卫的可能性。

改造后

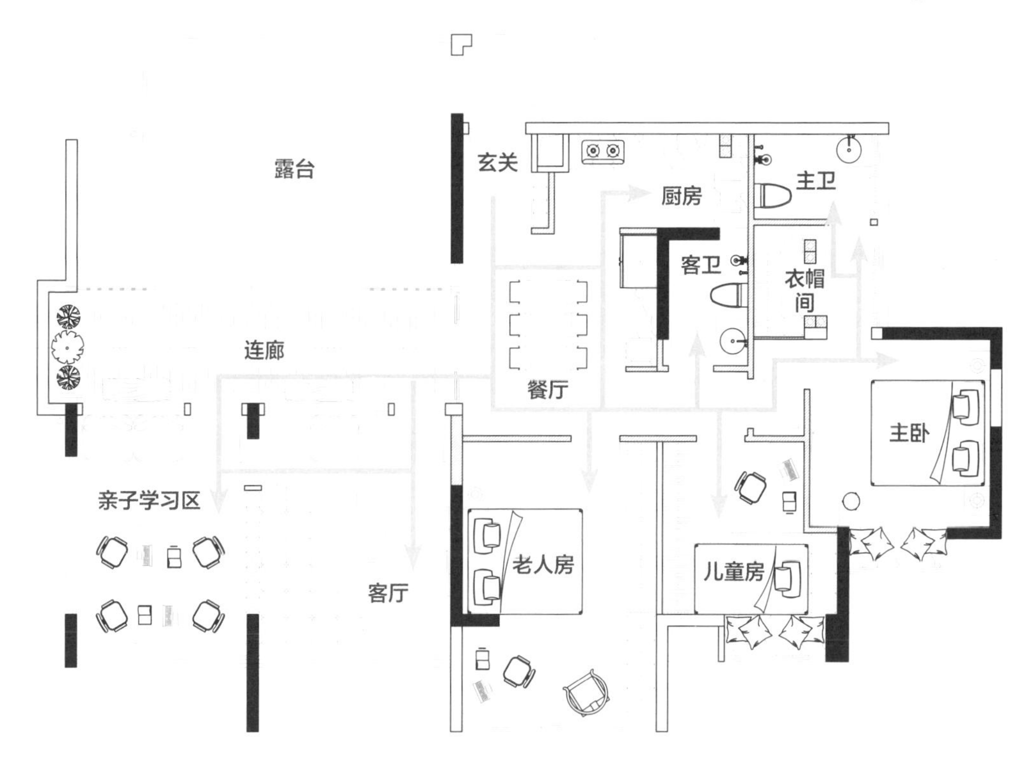

◇设计说明

❶ 在赠送面积处划分出客厅和亲子学习区。

❷ 将连接厨房和卫生间的两个阳台之间打通，按照管道位置分割出两个卫生间，同时划分出一个小衣帽间。

❸ 外扩赠送区域的走道，在外部搭建连廊，配合露台改造成花园，打造城市里的空中花园洋房。

◇动线分析

1. 重新规划动线，生活、储物更方便

拥有洄游动线的餐厅是整个住宅的“中转站”，在这里可穿过连廊看到尽头的端景，在视觉上无限延伸，让人立马忘记自己还处在城市之中。卧室集中，多条动线简短明了，主卧位置有独立门厅，避免正对餐厅和连廊，可增加主卧的私密性。同时，在主卧设置衣帽间和卫生间，进一步提升居家的舒适感。

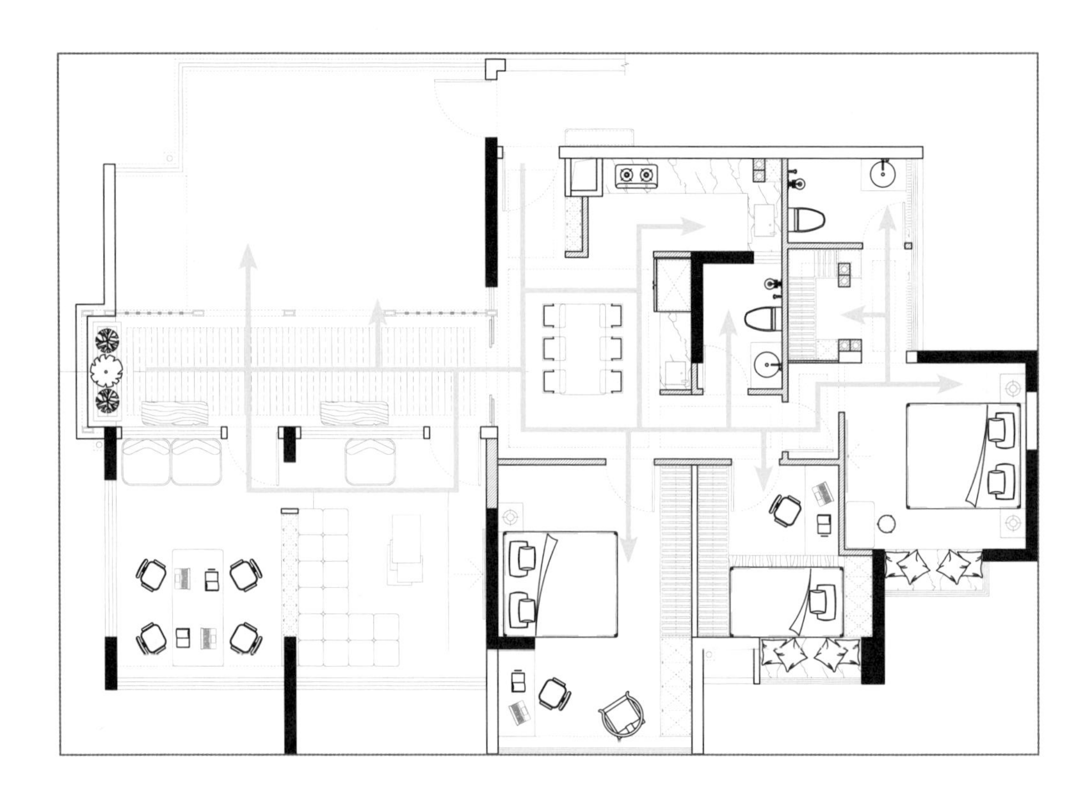

2. 打造专属的访客动线

专属的访客动线主要是为了保证公共区域的流畅，同时还不能打扰到家人的休息。客人在玄关放置衣服和鞋子，客卫靠近公共区域，方便客人使用，也保证了客人的隐私。充足的活动空间——客厅、餐厅、客卫、厨房，可以很好地促进交流。

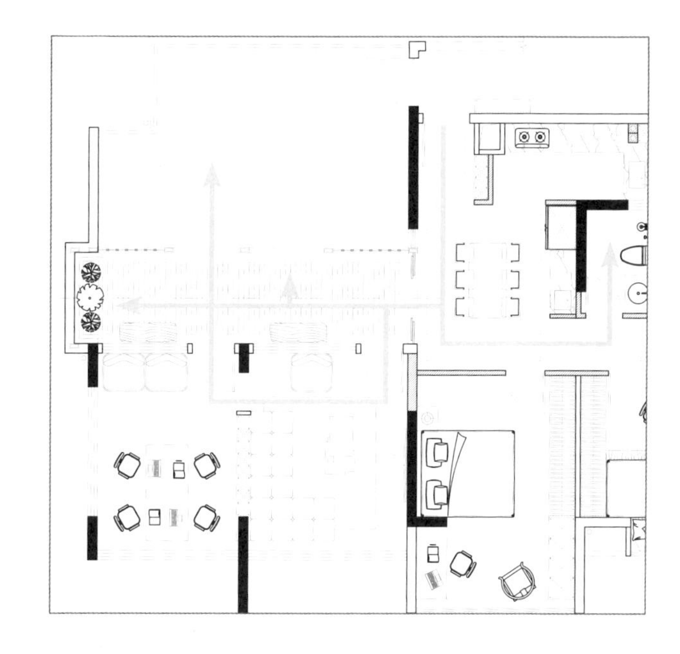

◇方案总结

① 卧室集中规划在采光面，同时可分离动静区域。

② 抬高改造的旧卫生间区域，相应抬高衣帽间，排污管道可从衣柜下穿过接入新改的卫生间。

③ 充分发挥住宅现有的优势，即赠送的室内面积和露台面积，以此为主要设计对象，打造城市中别具一格的花园洋房。

④ 将家政区合并到露台，无需占用室内空间。

小贴士

顶层露台不可随意搭建，需得到物业以及相关部门批准后，在指定的区域搭建。

许愿清单：53 m^2 的三室两厅如何实现？

房屋概况		
	■ 房屋状况：新房	■ 户型：两室一厅一厨一卫
	■ 套内面积：53 m^2	■ 房屋结构：框架

业主是一位 32 岁的女士，和 65 岁的母亲一起居住，母女俩都喜欢宅在家里，平时种些花草、看电视剧，有一位好闺蜜常来串门。业主满怀着对新家的憧憬提出了一份“三室两厅”的愿望清单。

改造前

◇户型分析

❶ 承重结构在房屋中间。

❷ 大、中、小三个阳台，有利于扩展室内面积。

❸ 如果要改造成三间卧室，则采光面不够。

◇业主需求

❶ 改成三室两厅，书房兼作客房。

❷ 进门要有鞋柜，有挂外套、包包的地方。

❸ 客厅的沙发要满足老人躺着看电视剧的需求。

❹ 阳台要有养殖多肉植物、绿萝的地方。

◇设计思路

53 m² 要装下至少 90 m² 以上才能实现的功能空间，不能以常规思维分析设计这个户型，我们可以尝试先忽略室内所有墙体，包括承重墙。把空间分成不规则的几个区域块，沿着室内对角画一根主动线来捕捉空间。从主动线向餐厅、厨房区和卧室区分出两条支动线，确定客厅、卧室、厨房和卫生间的大致位置。保留承重墙，结合家庭成员生活习惯，设计动线并调整区域细节尺寸。

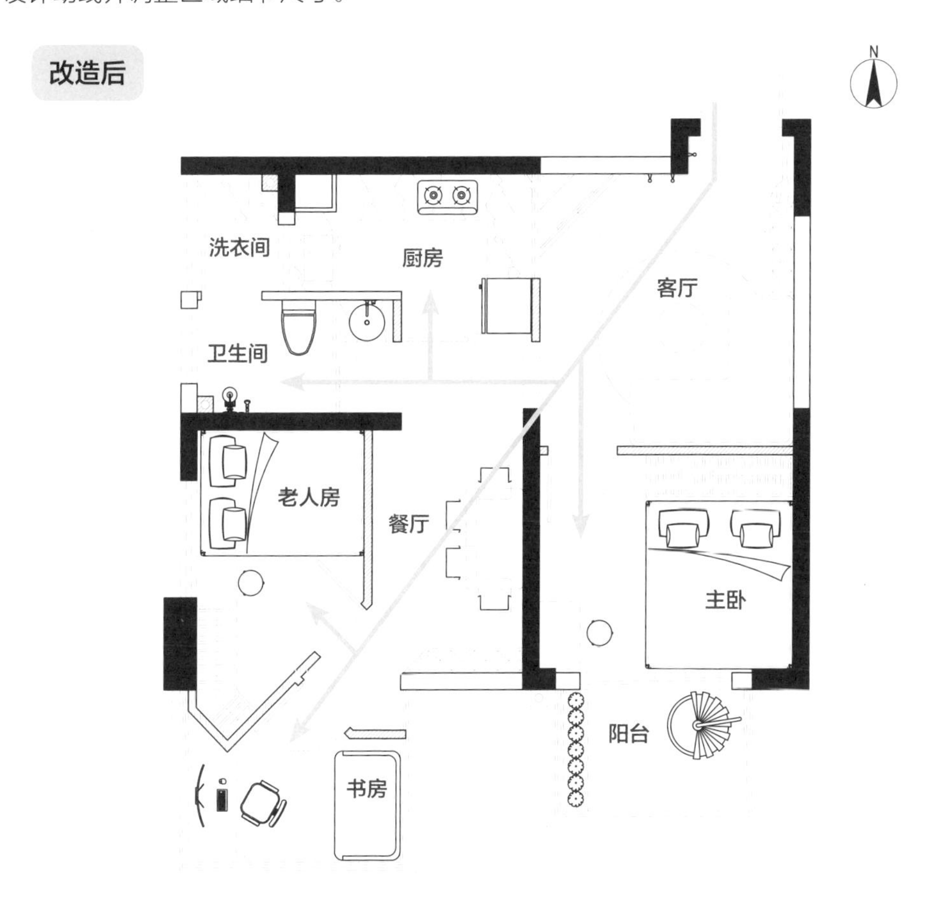

◇设计说明

❶ 以对角主动线找出客厅和餐厅的位置，并修饰承重墙覆盖的动线通道。

❷ 将最大的房间和阳台按照预先设计的主动线划分卧室、餐厅、书房。

❸ 优化空间尺寸，调整墙体位置，规划出两间卧室、一间书房的格局，并留出各个区域的通风采光点。

◇动线分析

1. 避开承重墙，重新规划动线

通过入户斜向的主动线，把沙发和电视进行对角安置，定制双边各长 2 m 的 L 形沙发，两个方向都可以躺。同时，斜角式入户扩大了通行宽度，也给门口鞋柜留足了空间，电视旁的空白墙可以安置洞洞板以便收纳物品。

由于动线向西南方向移动，所以顺势扩大了厨房的面积，原本很小的厨房不但成了封闭式空间，而且也增加了橱柜的收纳空间。厨房和客厅之间可以用透光材质隔墙，增加客厅的采光。

次卧、餐厅、书房，虽然空间都不大，但刚好够用，斜切墙体分出了通道，让动线延伸进入阳台——全景落地窗书房，这里可以放置一人书桌和一张沙发床，既有明亮的居家办公环境，又可以当作客房。在阳台和餐厅之间预留一个小窗户，供餐厅通风。

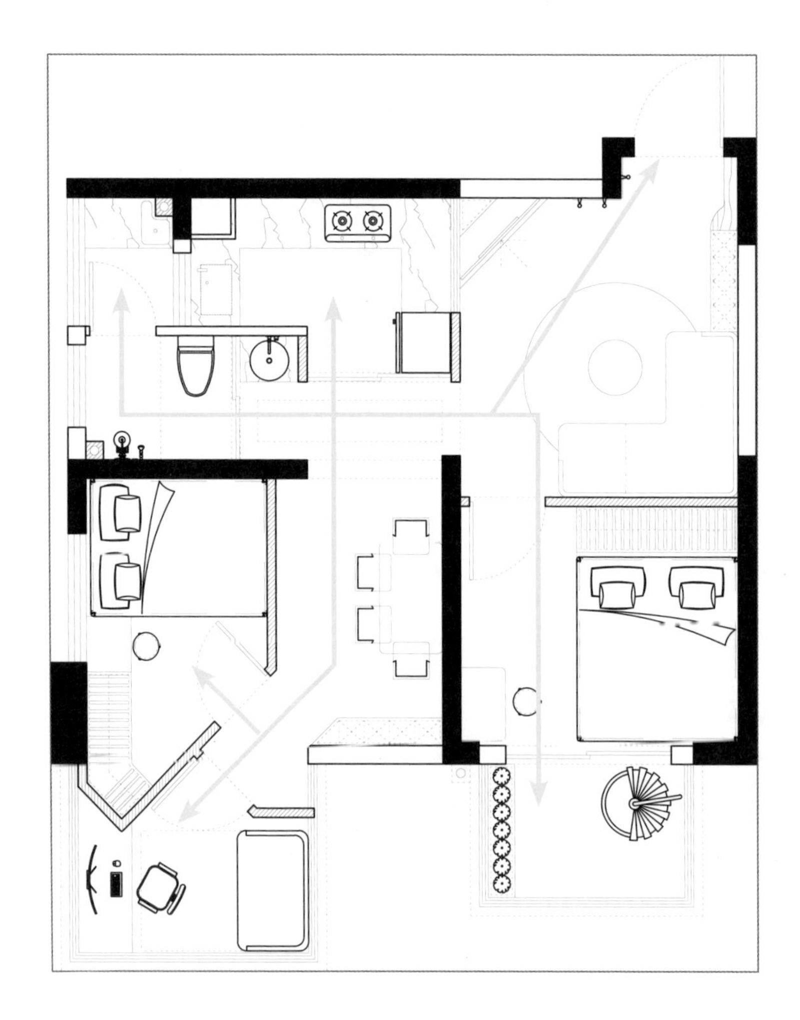

2. 家政动线

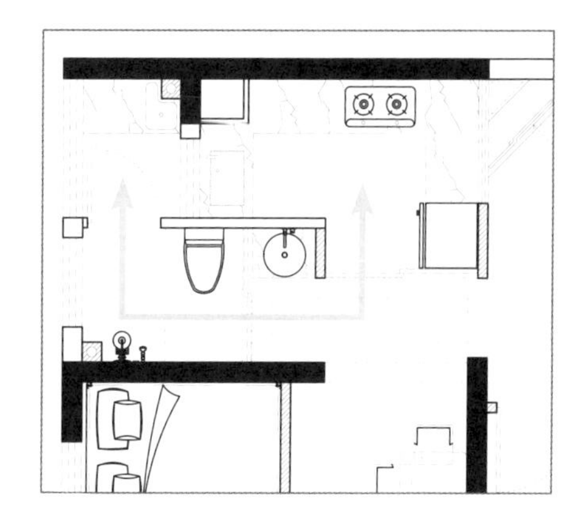

取消了原阳台 2 仅有的洗衣功能区，把平时小件衣服晾在北阳台，卫生间与北阳台距离非常近，洗衣、晾晒动线就变得非常短，沐浴完之后可以直接把脏衣服丢进洗衣机，这个阳台可以满足少量衣物的晾晒，同时原阳台 2 并没有和主卧打通，依然是一个独立的晾晒区。

3. 起居动线

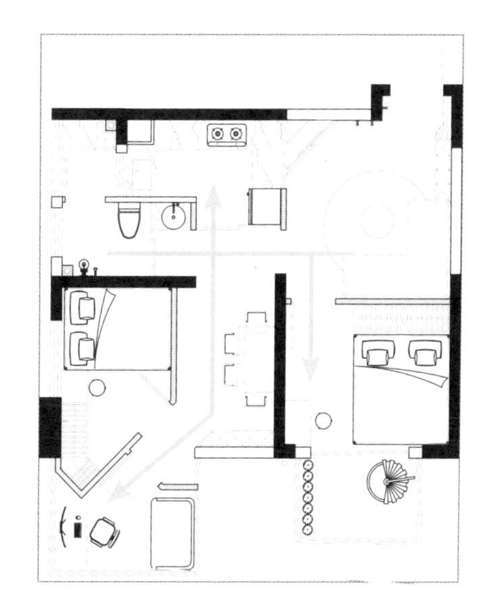

母女俩活动最多的空间除了各自的卧室，就是客厅、餐厅和书房了。母亲的动线是从其卧室至厨房、卫生间、客厅；女主人的动线是从其卧室至厨房、卫生间、客厅、书房，虽然动线重叠了一部分，但避免了女主人居家办公和其母亲在客厅活动的相互干扰，即使双方各自去厨房和卫生间，也不会打扰到对方。

◇方案总结

① 客厅功能区域对角设计不仅节约空间，还增加活动面积。

② 家政动线与厨房动线合并，提升厨房空间使用率。

③ 厨房、卫生间、均采用透光材质的隔断，增加客厅采光。

④ 书房不占满阳台空间，留出小窗以供餐厅通风。

小贴士

对角分割属于特殊设计手法，在条件允许的情况下应尽量避免长距离斜向分割空间。

合理优化户型：注重生活需求，喜好也不能落下

房屋概况		
	■ 房屋状况：老房	■ 户型：四室一厅一厨一卫
	■ 套内面积：85 m^2	■ 房屋结构：框架

一套老房 、一对夫妻、一双女儿，四口之家居住的老房子位于杭州市。男主人是一名教师，平时喜欢骑单车，大女儿 9 岁，小女儿 4 岁。随着女儿们逐渐长大，房子的活动空间越来越小，夫妻俩希望能彻底改变户型布局，有更大的活动空间，并且两个女儿能分别拥有面积相近的房。那么这套老房该如何改造呢?

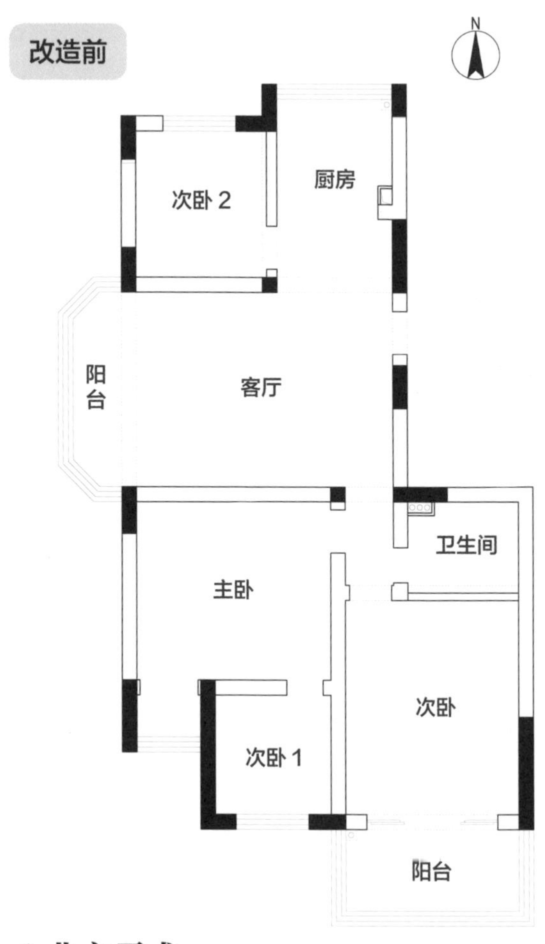

◇户型分析

❶ 房屋承重点在拐角处，其他地方都是剪力墙，不能大拆大改。

❷ 客厅空间方正，但空间不大，厨房比较小，餐厅在入户门口处。

❸ 阳台在次卧，客厅有良好的采光。

◇业主需求

❶ 日常厨房保持开放，如果能在需要时封闭更好。

❷ 主卧需要大量衣物的收纳空间。

❸ 想要卫生间干湿分离。

❹ 给男主人设计改装自行车的小空间。

◇设计思路

由于原来主动线是十字形，横向动线靠近入户门，很难安置玄关鞋柜，所以首要改动目标是客厅和餐厅的动线，需重新规划，提高利用率，把走廊通道部分利用上。

改造后

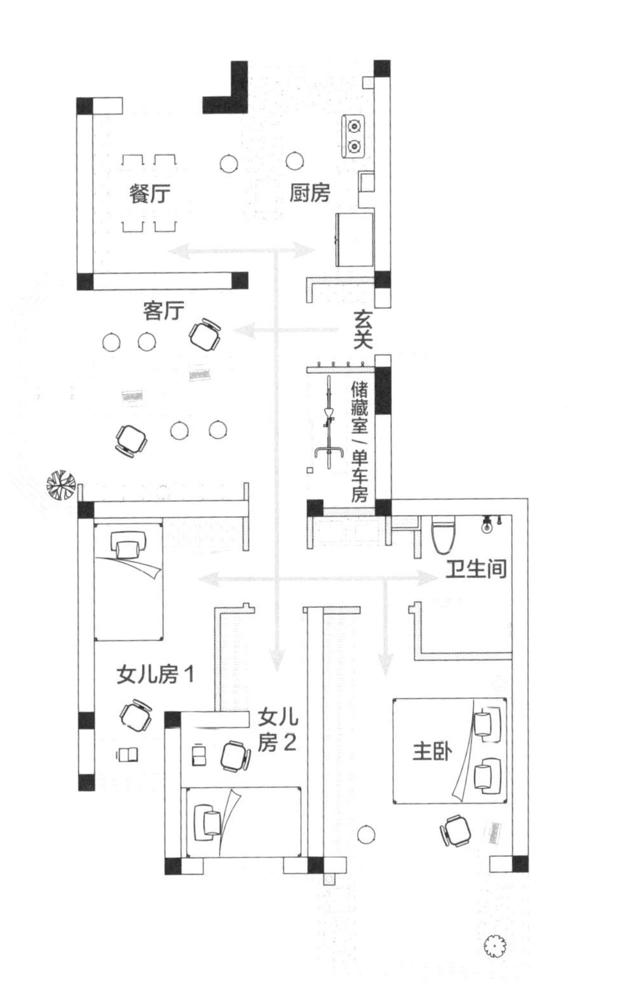

◇设计说明

❶ 改变横向主动线，把横向动线向客厅方向移动，利用入户区空闲面积设计成相邻的门厅和储藏室，储藏室兼作单车房。

❷ 将原次卧 2 改造为餐厅，形成餐厨一体化空间。

❸ 改变通道后，原有竖向通道变成卫生间干区，做双台盆设计。

❹ 卫生间向主卧方向扩大，内嵌浴缸。

◇动线分析

1. 访客动线

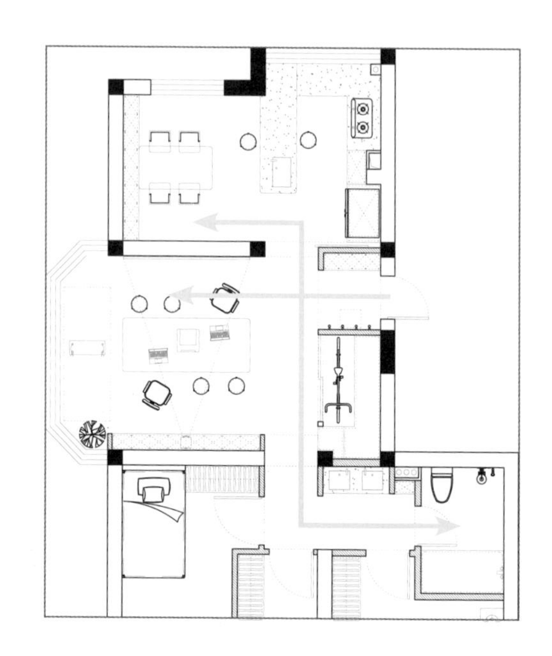

将原次卧 2 改成餐厅后，面积增加了，加上厨房的空间，将客厅、餐厅、厨房空间都纳入了访客的活动范围。在独立的门厅处增加挂衣区和换鞋凳，可供一家四口使用的通顶鞋柜充分提高了入户区的利用率。正对门厅窗边的小秋千、几把舒适的单人椅、一个巨大的投影布，把这里变成了一个休闲客厅。

2. 居家办公学习动线

两间女儿房虽然都有独立的书桌，但身为教师的男主人自然也担起了辅导孩子学习的重任。孩子除了在各自房间写作业，客厅的大桌子也是全家一起学习、办公、看资料的好地方，一条直直的动线，在最短距离内解决这一切问题，即使孩子在各自房间学习，也可以最短距离来到男主人的桌前咨询请教。

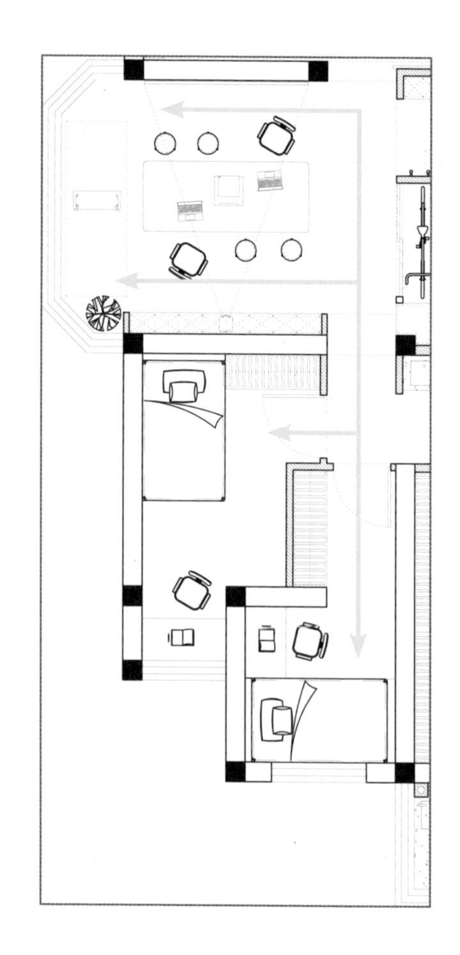

3. 喜好动线

每个男人都想拥有一个手工间，这条动线专为男主人设计，虽然房子面积不大，但也要想办法创造条件。

有一个呵护爱车的专享区域，存放单车以及收纳工具，如果有小改动、小改装可以拿出来在客厅操作，如果打扰到了客厅其他成员，那么可以去阳台，有水池、操作台，哪怕地方只是刚好够用也能让男主人的心愿得到满足。

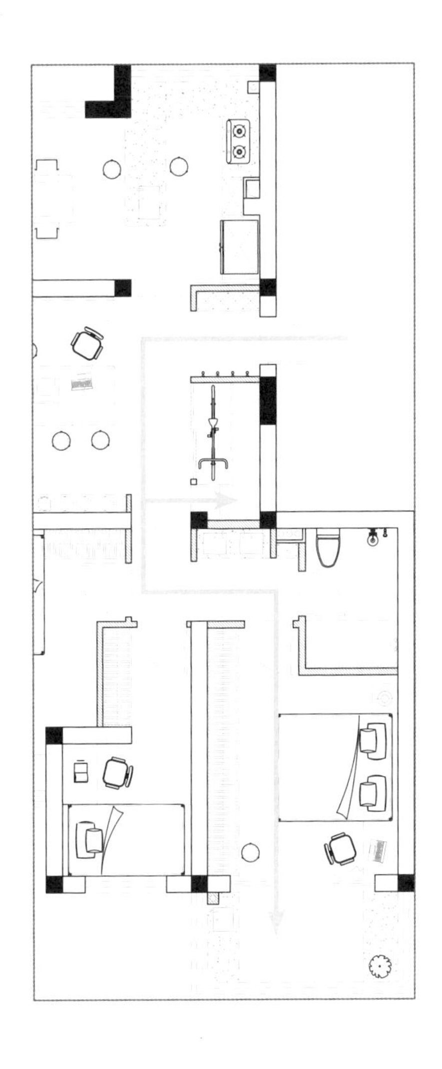

◇方案总结

① 改变客厅横向主动线位置。

② 北卧室改造为厨房，形成餐厨一体空间。

③ 利用原始主卧门口区域，结合改变的动线抬高卫生间。

④ 横向分割原南次卧，满足拥有两间女儿房的同时也要保证通风及采光。

小贴士

单车存放问题往往是设计中的难点。单车通常会存放在家中，没空间存放可以使用竖置车架、墙壁挂式车架或者是边角操作台。

2.15 缓冲视线，保证室内私密性

房屋概况		
	■ 房屋状况：新房	■ 户型：四室两厅一厨两卫
	■ 套内面积：117 m^2	■ 房屋结构：框架

来自昆明市的一对夫妻新购置了一套四居室住宅，他们有一个活泼的 9 岁儿子和一个可爱的 4 岁女儿，由于父母就住在隔壁小区，所以不需要考虑老人房。虽然住宅面积够用，但业主还是对房屋格局有一些不满意。

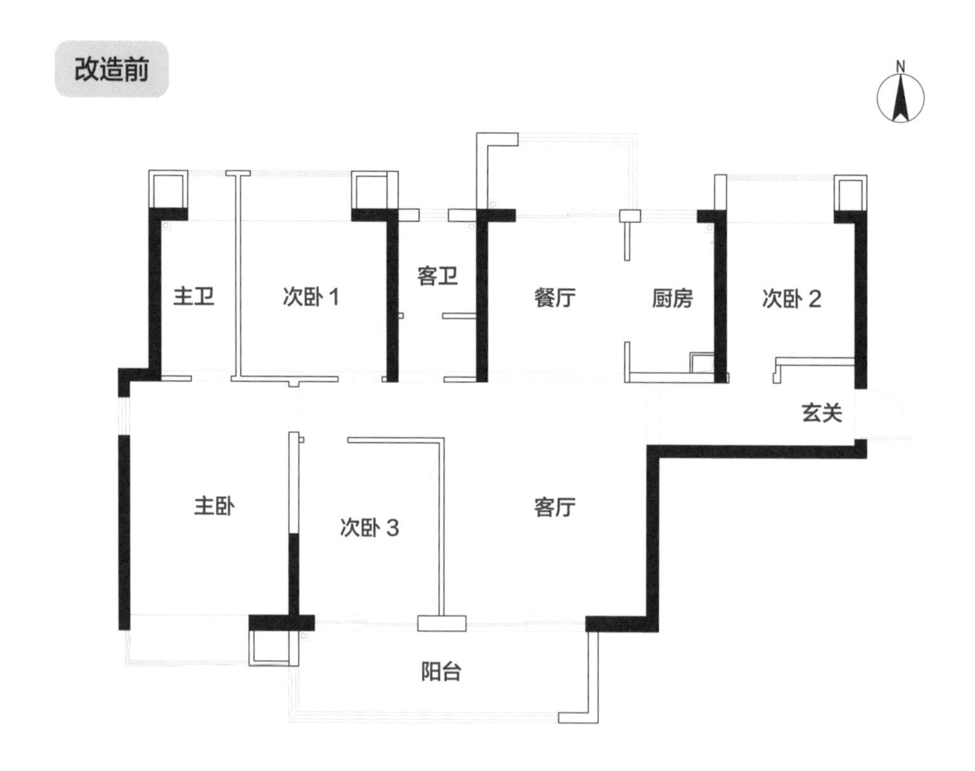

◇户型分析

❶ 入户门厅空间狭长，受结构限制无法缩短。

❷ 主卧卫生间空间狭长，面积有些浪费。

❸ 双卫生间都是下沉式，有助于水路的改动。

◇业主需求

❶ 保留三间卧室，其中要有两间大小差不多的儿童房。

❷ 接受开放式厨房，增加操作台面。

❸ 需要一个 1.2 m 的鱼缸。

❹ 需要一个多功能书房。

◇设计思路

拆除厨房和次卧 3 的隔断墙，尽可能放大空间。由于门厅狭长，无法改变入户门正对主卧的问题，故只能移动卧室门的位置。为了保证能在主卧设计衣帽间，主卧门不适宜内推。加宽主卧卫生间宽度，配合衣帽间加以利用。缩小临近的次卧面积，两间次卧面积差不多大。

改造后

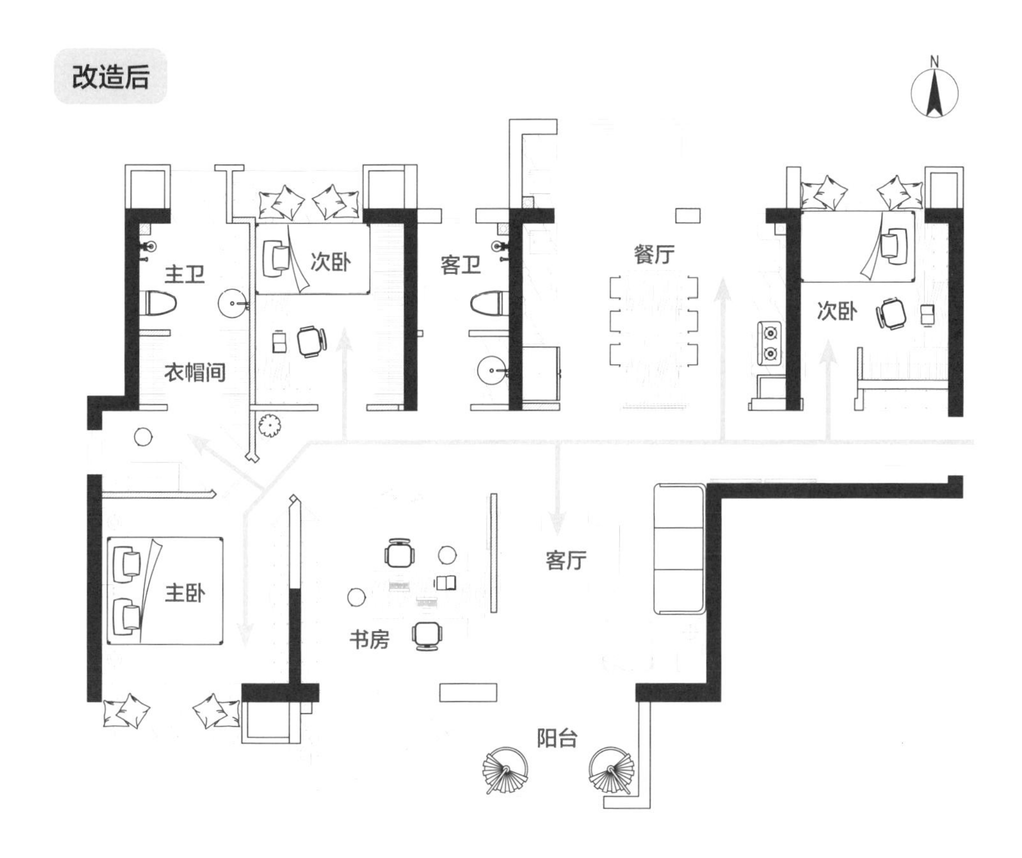

◇设计说明

❶ 原客厅与次卧 3 合并为一个区域，将次卧 3 调整为多功能敞开式书房区，用鱼缸遮挡对面的卫生间视角，同时形成通道。

❷ 餐厨一体化设计，双边橱柜加中间的大餐桌兼操作台，增加收纳和操作的空间。

❸ 主卧门改变朝向，门的旁边增加端景，正对入户门。

❹ 横向加宽主卫，缩短进深，留出一部分面积设计成衣帽间。

◇动线分析

1. 访客动线

人们在入户区坐在换鞋凳上换鞋，进入客厅和餐厅区域。餐厅的洄游动线方便主人与客人的走动，客厅和书房也形成洄游动线。南北双阳台，视线通透，采光明亮。鱼缸能形成双面景观，遮挡书房向卫生间方向的视线，同时划分了书房和通道的界限，又变成了通道的一处景观，恰到好处。虽然有一间卧室在东侧，但集中的动线丝毫不打扰在卧室里休息的家人。

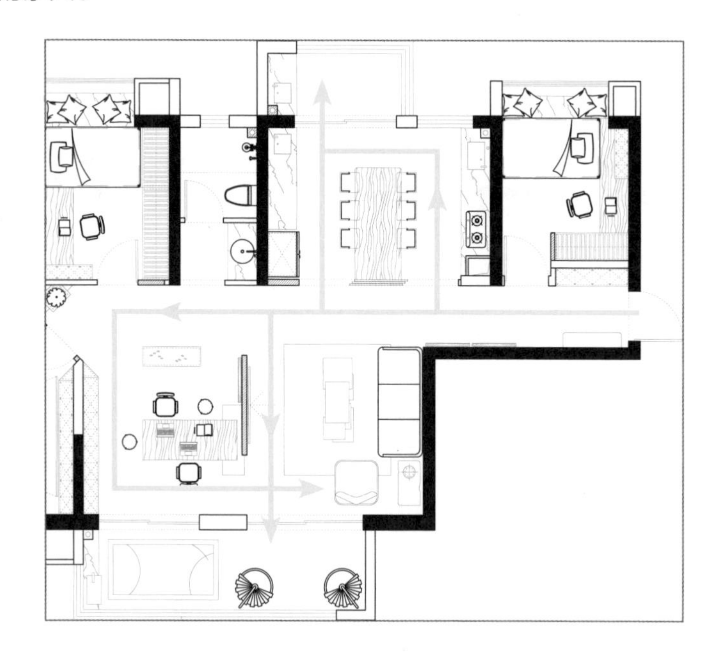

2. 家政动线

如今很多家庭都把打扫任务交给了扫地机器人，可是洗衣、晾晒等工作，扫地机器人无法代劳。一套四居室的房子，较短的洗衣、晾晒动线对业主来说尤为重要。考虑南阳台挨着客厅和书房，将它改为休闲空间，而且南阳台距离卫生间较远，把洗衣、晾晒家务的工作规划在北阳台，南阳台作为补充晾晒空间，这样业主的家政动线就顺畅很多，南阳台大部分时间都可以保证客厅和书房的采光。

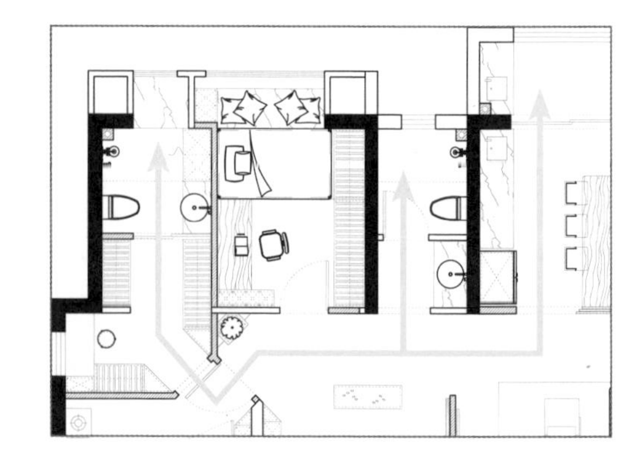

3. 亲子动线

父母是孩子最好的老师，这么大的房子自然少不了父母和孩子一起活动的空间。在客厅留出足够的空间，父母与孩子一起看书、运动，不以电视为中心的客厅空间更为灵活。打通书房与客厅，空间上更显开阔，满足业主在家学习和工作的需求，洄游动线增强父母与孩子的互动。

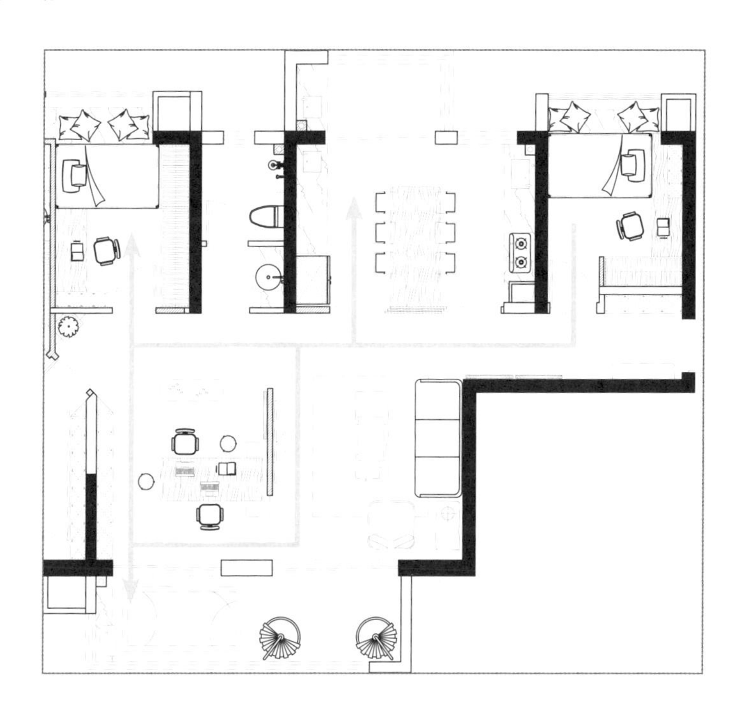

◇方案总结

① 合并厨房与餐厅形成餐厨一体化空间，增强家人之间的互动。

② 改变主卧门的方向，增加入户端景，解决主卧门正对入户门的问题。

③ 扩大主卧卫生间，压缩次卧空间，使两间次卧面积相近。

④ 缩短主卧卫生间纵向距离，分出空间给衣帽间。

小贴士

判断动线的好坏，从根本上来说就是看完成动作的时间长短和体验感便捷与否。笔直的动线和洄游动线，能大大增强家庭成员之间的互动和交流。

2.16 利用户外小院，做功能性的提升

房屋概况		
	■ 房屋状况：二手房	■ 户型：三室两厅一厨一卫
	■ 套内面积：96 m^2	■ 房屋结构：砖混

刘先生是一位装修公司的项目经理，购置了一套二手房，房屋是一楼，带一个小院，家有一儿一女，分别在读小学和幼儿园。计划自己装修，但是对户型不太满意，想优化一下这套老房户型。那么装修圈里的人会如何改造自己家呢？

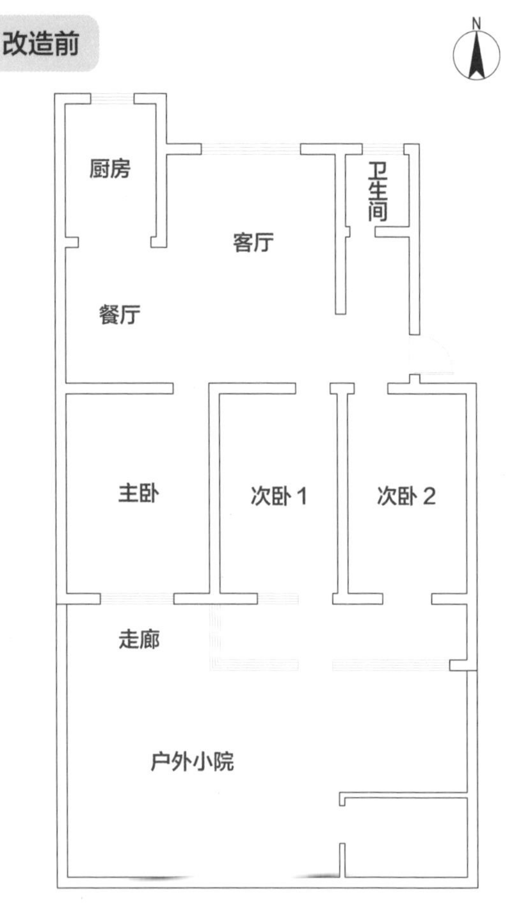

◇户型分析

1. 位于一层，带小院，北向私密性差。
2. 客厅偏向正方形，不太好布置。
3. 餐厅在角落，且面积不大。
4. 入户鞋柜空间和卫生间干区冲突。

◇业主需求

1. 在客厅摆放电视机，且不影响孩子的学习。
2. 保留三间卧室，有一个简单的办公空间。
3. 卫生间面积太小，需要优化。
4. 需要一个主卧卫生间。

◇设计思路

老房可拆除墙体非常少，保持主动线基本不变。客厅户型方正，南北方向进深比较长，超过 5 m，可以加以利用。餐厅太小，设法让餐厅和客厅有共用空间。改变卫生间门的朝向，尽量避免直对客厅和餐厅。

改造后

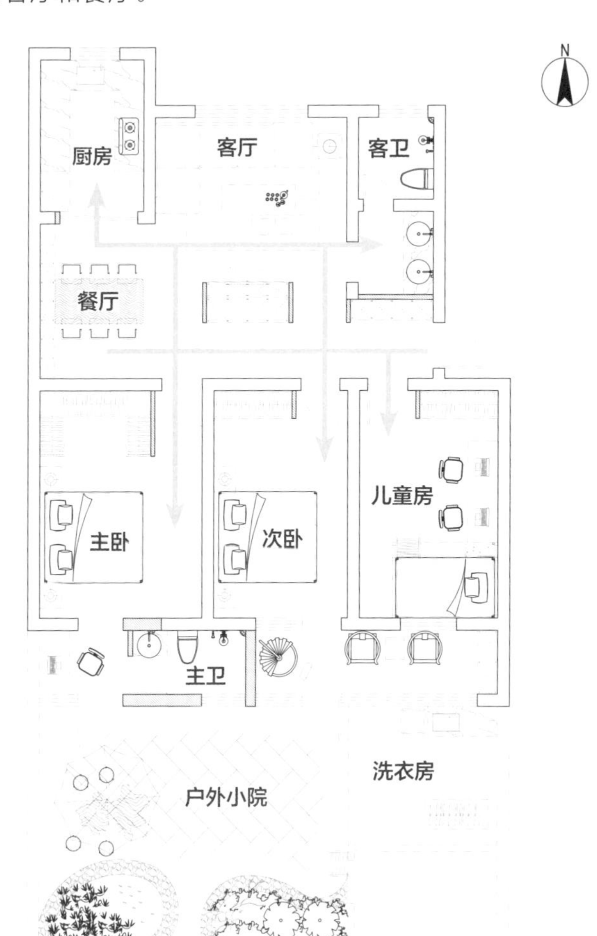

◇设计说明

❶ 改变入户处卫生间门的朝向，留出收纳柜的空间。

❷ 客厅由东西朝向改为坐北朝南，以收纳柜和电视墙分割通道和客厅，增加休息区的私密性。

❸ 餐厅向客厅和通道区域延伸，借用通道和客厅的部分空间来扩大餐厅面积。

❹ 借助一楼的优势，将小院的走廊设计成主卧卫生间。

◇动线分析

1. 访客动线

独立门厅，在通道中间设计电视墙，遮挡客厅和部分餐厅。围绕电视墙做洄游动线，与客人在沙发喝茶聊天时，其他成员的走动不会对客厅的人造成干扰。卫生间做干湿分离设计，干区的门正对客厅动线区，缩短客厅和次卧到卫生间的距离。进入小院也可以选择从次卧穿过。

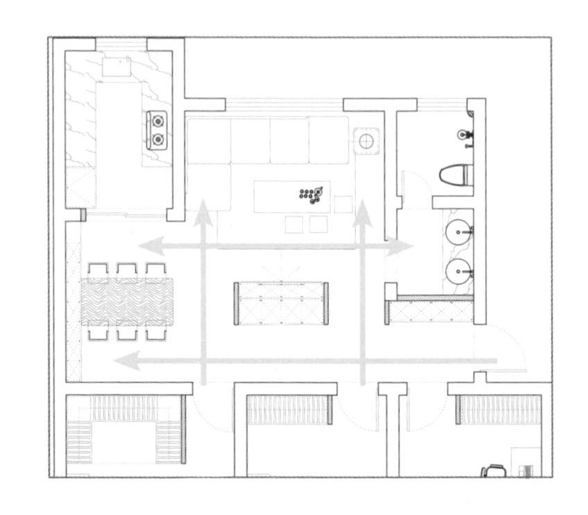

2. 回家、出门动线

作为装修行业的从业者，每天去工地、去建材市场，早出晚归是必然的，为了出行时不打扰到家庭的其他成员，出门、回家的动线设计也非常重要。主卧内设计独立衣帽间，依托小院走廊面积和外置的水位，布置主卧卫生间。

由于主卧已经独立出卫生间和工作区，男主人只要在主卧内完成洗漱，在餐厅用完早餐，便可直接出门。

跑了一天工地，回到家必然风尘仆仆，男主人在门厅脱下满是粉尘的鞋子，直接进入客卫洗漱干净便可进入客厅休息。而女主人则沿餐厅方向的横向动线直接进入厨房为一家人准备美味佳肴。

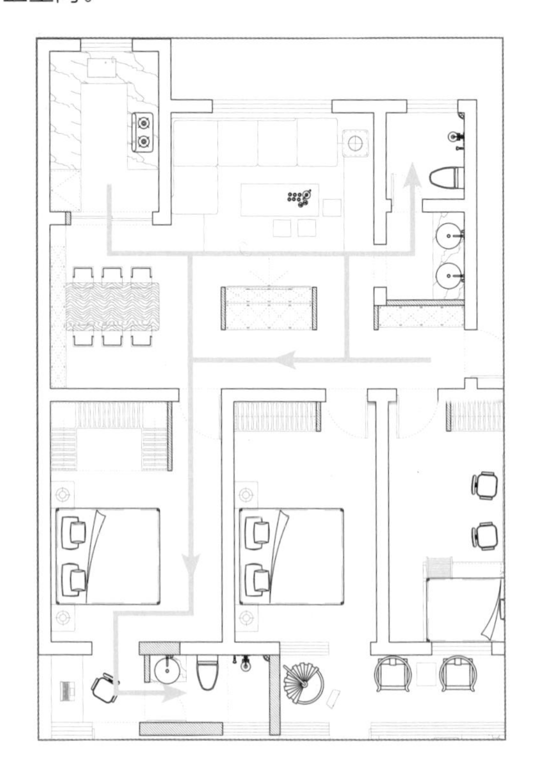

3. 儿童动线

由于中间的次卧要兼备通向小院的功能，所以把儿童房放在了最东侧，孩子可以有一个独立且不被打扰的学习环境，与客厅有间隔，与餐厅有距离，距离卫生间也很近。

学习结束后，围绕客厅电视墙的洄游动线，父母和孩子可进行观影、练吉他等亲子活动。

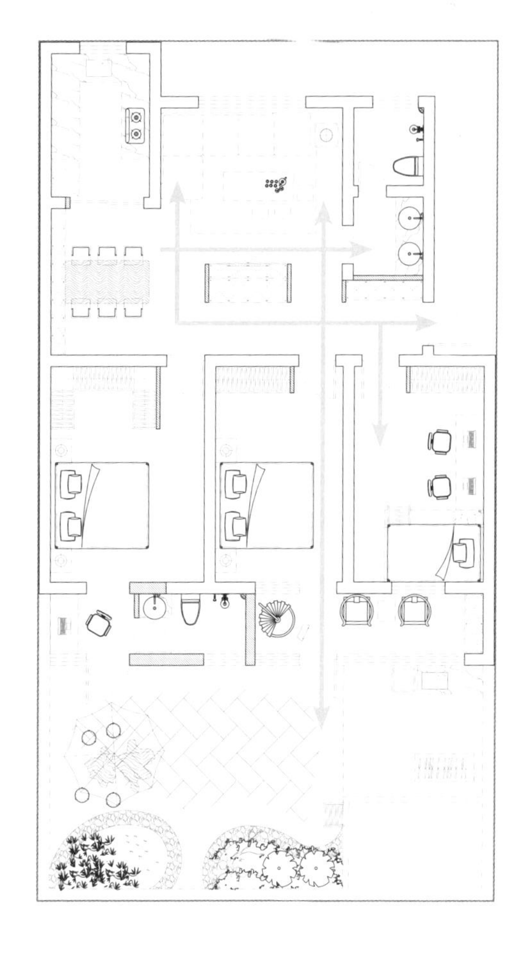

◇方案总结

① 最大化地隔离客厅与卧室，增加卧室的私密性。

② 餐厅借空间来扩大面积，安置 1.8 m 长的 6 人餐桌。

③ 借一层地面优势增加排污管道至庭院走廊，增加迷你家用水泵。

④ 将洗衣晾晒区转移到在庭院搭建的雨棚处，给室内留出空间。

小贴士

砖混老房开门洞要有相关的专业评估，门洞两侧一定都要留墙垛，转角墙绝不能拆，门洞宽度控制在 90 cm 以内，两侧加固。

独居的设计师：给自己留一片乐土

房屋概况		
	■ 房屋状况：二手房	■ 户型：四室两厅一厨两卫
	■ 套内面积：140 m^2	■ 房屋结构：框架

山城重庆，烟雨蒙蒙，虽不见山，却在山中。一位35岁的设计师，一套房子，一份独居的执着。设计师似乎对自己的房子有两个自己无法顾全的需求，想要装修成自己独享的乐土又要兼顾未来与家人舒适居住的住所。虽然现在是一个人居住，但未来毕竟要结婚生子组建家庭，以及老人来帮忙带孩子。

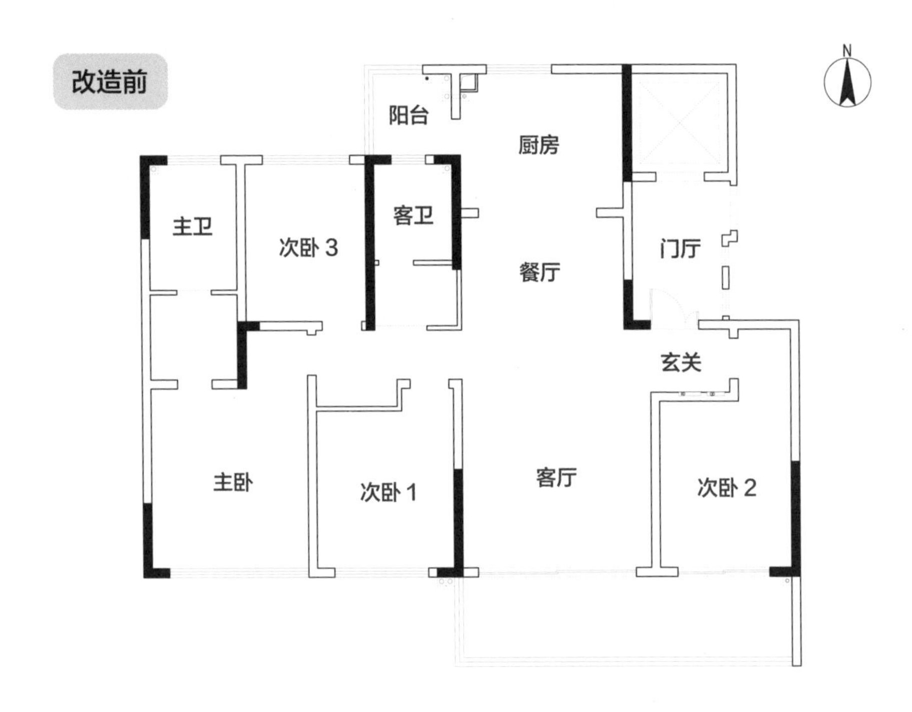

◇户型分析

❶ 有独立入户电梯厅，可节省玄关区空间。

❷ 三室一厅朝南，客厅、次卧2连接阳台，采光较好。

❸ 次卧2房间进门处空间浪费。

◇业主需求

❶ 需要一间可开可闭式的书房。

❷ 对入户电箱进行遮挡。

❸ 希望客厅视野开阔。

❹ 有一个健身娱乐的区域。

◇设计思路

改造的重心在客厅餐厅。首先，用区域划分空间，把客厅餐厅与书房合并，尽量占据更大的空间。其次，延伸主动线，打开厨房的门，拉长视线。最后，对卧室空间进行微调，提升房间的利用率，避开房间门对着卫生间门的问题。

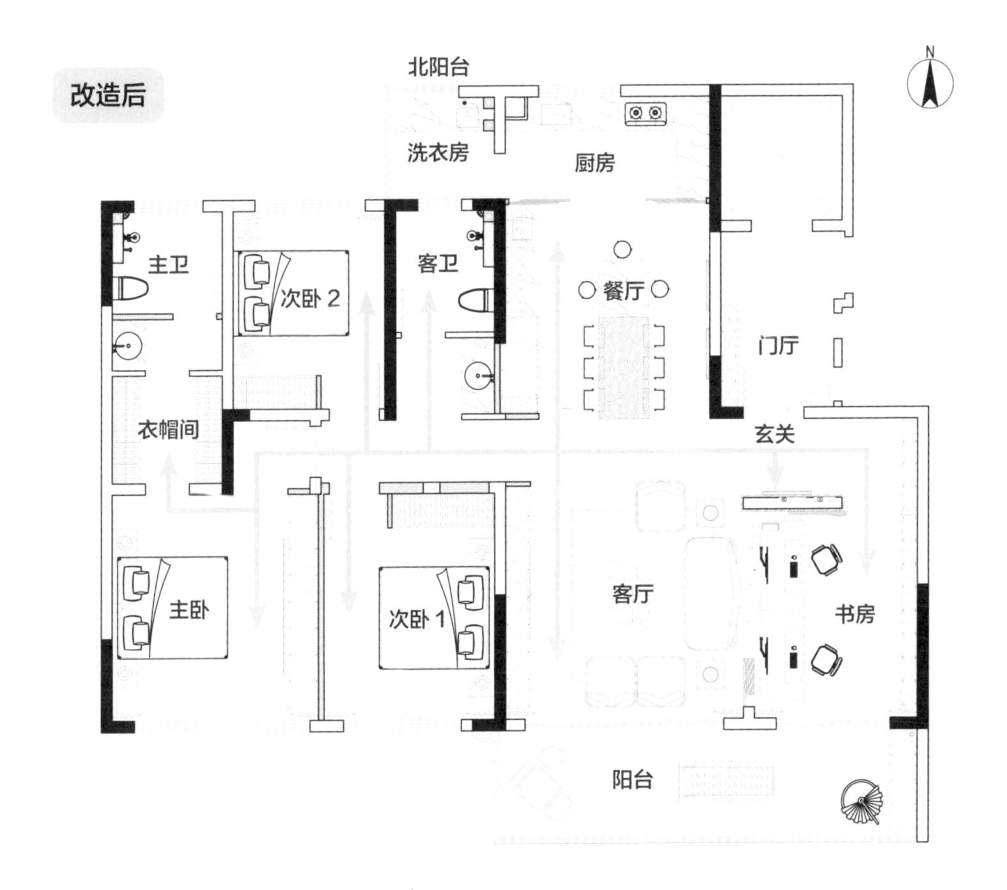

◇设计说明

❶ 用电箱墙做入户端景，避免入户时将室内空间一览无余。

❷ 拆除原次卧 2 的其他墙体，用滑动门作隔断，形成可敞开、可封闭的书房。

❸ 缩小厨房面积，扩大餐厅空间，实现中西分厨，拉伸客厅与餐厅的空间感。

❹ 南阳台作为休闲健身区以及景观阳台使用，将洗衣机挪至北阳台。

◇动线分析

1. 访客动线

作为单身人士，时常有朋友来家里聚餐、看球、打游戏，访客动线自然也要动静分离，隔绝卧室区域，集中活动在客厅、餐厅、阳台、厨房、卫生间区域，形成两条洄游动线，避免人多时走动干扰的情况，同时也显得家中格外宽敞。

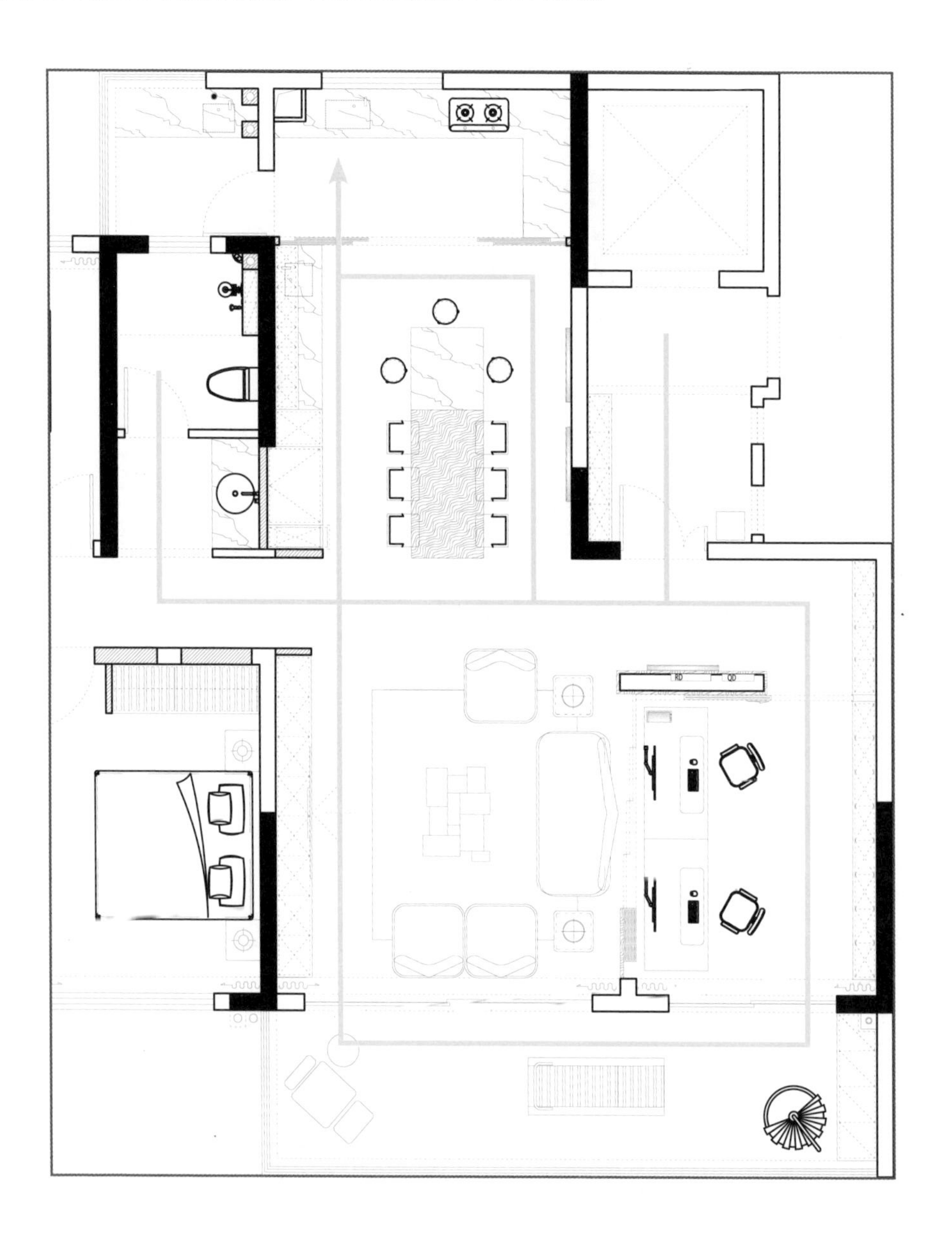

2. 家政动线

把日常打扫工作交给了扫地机器人，业主出门后扫地机自动工作，业主回家后家里干干净净。可是扫地机器人不能完成所有家务，洗衣、晾晒就要业主自己动手了。两间次卧基本闲置，那么主卧、主卫、客卫、厨房、洗衣房这五个空间的动线自然就要缩短。由于主卫结构限制，所以动线比较长，好在一个人要洗的衣物也不多，剩下的空间就紧紧地“抱”在了一起。

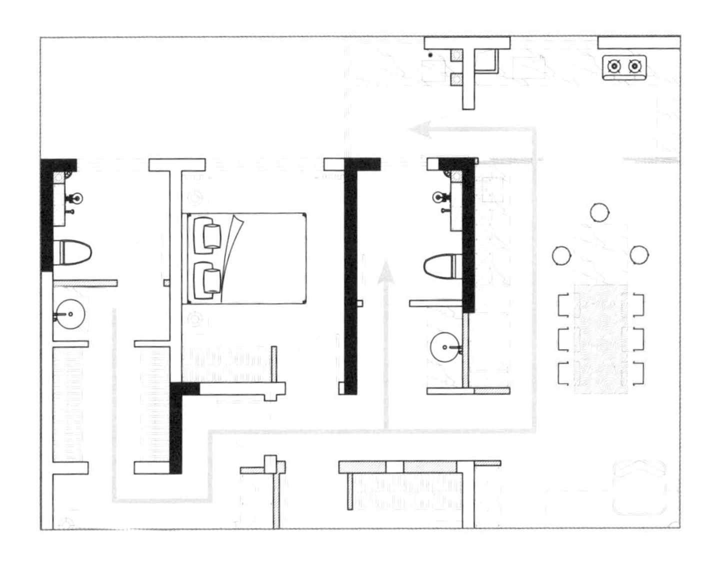

◇方案总结

① 外置鞋帽区，将电箱墙改造为端景墙，减少电路改造费用，同时避免了书房正对入户门。

② 拆除书房原有的门及墙体，打通通道，拉长视线，以推拉门的形式解决书房需要封闭的问题。

③ 保留阳台，设置健身区、休闲区，让健身空间空气清新。

④ 缩小厨房，扩大餐厅，拉伸客厅、餐厅的空间感。

⑤ 微调卧室门和墙体，提高卧室利用率，为将来增加家庭成员预留空间。

小贴士

阳台做洗衣房，尽量配置烘干机，否则还是会在阳台挂满晾晒的衣物。

另类的圆形动线，保证空间的私密性

房屋概况		
	■ 房屋状况：二手房	■ 户型：三室一厅一厨一卫
	■ 套内面积：80 m^2	■ 房屋结构：框架

来自东莞市的一家四口，大儿子 12 岁，小儿子 6 岁。夫妻俩为孩子上学购置了一套老旧学区房，这套房屋的三间卧室正好够用，可业主却不太满意它的整体格局，希望用特别的设计来改变房屋的格局，让它焕然一新。

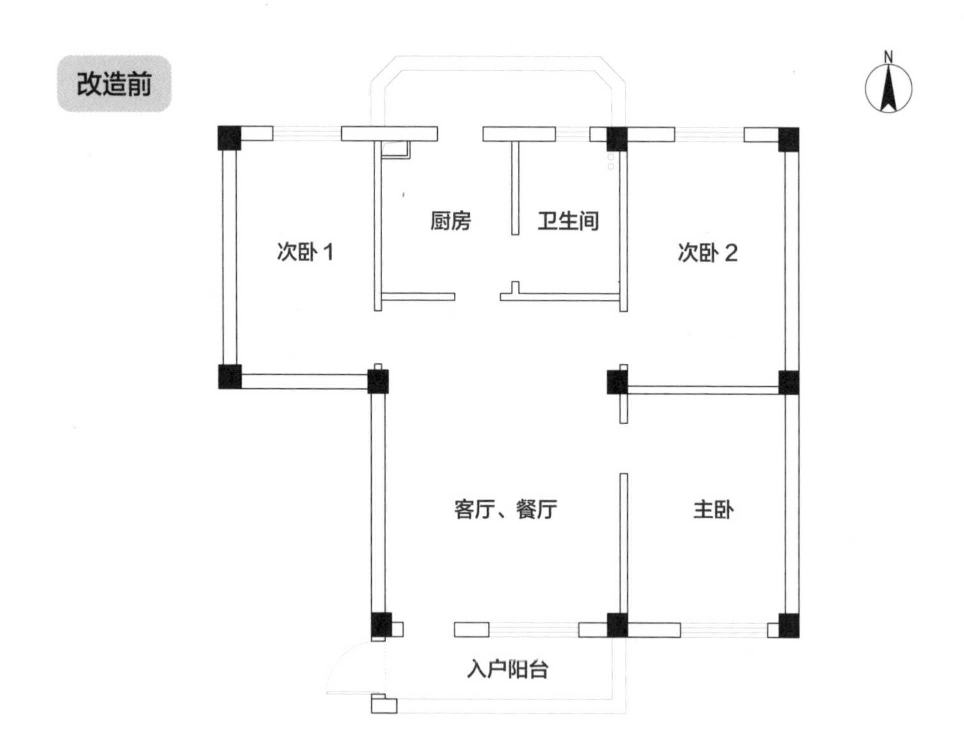

◇户型分析

❶ 客厅与餐厅进深偏小，分区不明显。

❷ 三间卧室和厨房的门都对着客厅与餐厅区域，使用不便。

❸ 厨房内门洞太多，极大地降低了厨房内部空间的利用率。

◇业主需求

❶ 客厅与餐厅多一些储物空间。

❷ 每个房间都要有书桌、书柜和衣柜。

❸ 将卫生间和厨房分离，同时做干湿分离设计。

❹ 需要一个健身的区域。

◇设计思路

沿入户阳台拉长动线，进行延伸设计，在阳台尽头设置入户端景或者植物造景，打造温馨的入户门厅区。进入客厅至餐厅区域，在餐厅区域规划圆形动线，并沿着圆形动线进行收纳规划。改变卫生间开门的方向，并做干湿分离设计。改变主卧和次卧的休息动线，改变卧室的门洞位置，减少在客厅和餐厅内可见的房间门。

改造后

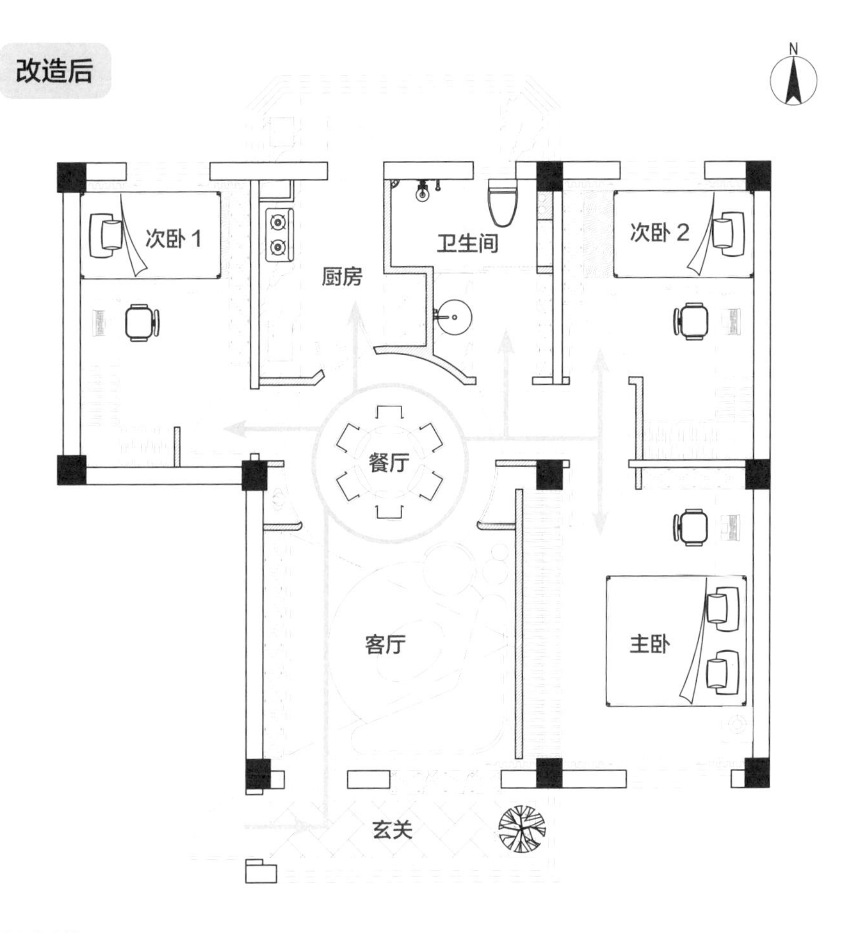

◇设计说明

❶ 拆除入户阳台与客厅之间的窗户，设计吧台式鞋柜，增加功能区之间的互动。

❷ 拆除主卧墙体，向客厅方向扩出 55 cm，设计整墙的衣柜，提升收纳容量。

❸ 以餐厅为中心枢纽，规划圆形动线，向卧室、厨房、卫生间、客厅延伸分支动线和弧形收纳空间。

❹ 外移洗漱池，卫生间做干湿分离设计，改变开门方向，由圆形结构墙遮挡干区门洞。

◇动线分析

1. 重新规划全屋动线，用圆形动线串连室内各动线

餐厅圆形动线是全屋新规划动线的核心。以此处为中心向四面分支设计动线，解决因人口多、面积小带来的动线交叉问题。

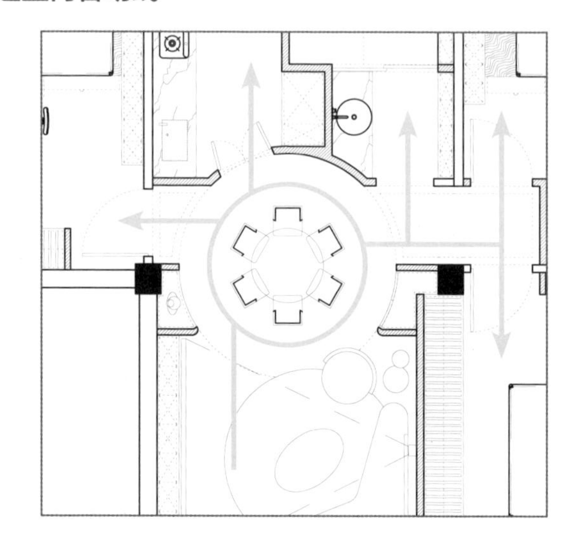

在方正的空间内设计一个圆形，必然会多出四个弧形角，那么这四个弧形角就分别做餐厅、厨房和卫生间的收纳空间，在不损伤餐厅有效面积的同时又增加了另外几处面积，一举多得。

2. 孩子学习、生活动线

两间儿童房拥有同样的动线，同样的 L 形衣柜，同样的床边书桌、书柜。由餐厅区域形成的弧形空间，拉长了两间儿童房到客厅的距离，业主在客厅会客、观影、做家务时，不会对两个孩子造成过多的影响，同时卫生间和餐厅也距离儿童房最近，孩子们学习、活动、如厕也不会受到客厅活动的过多干扰。

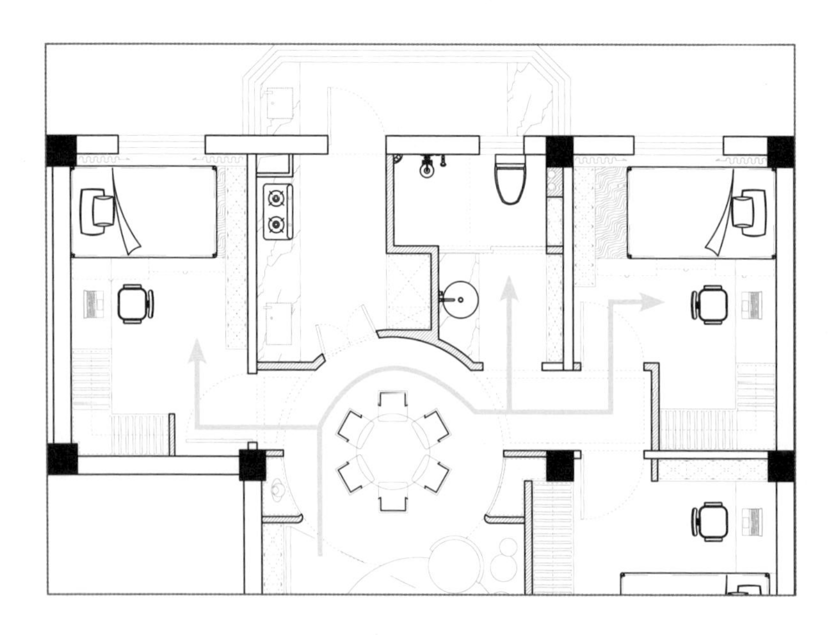

3. 业主动线

男主人有加班、会客的需求，也有看电影的爱好。为了男主人的日常生活不受干扰，将其与孩子学习的空间彻底分开。区域分离和动线分离是在设计初期首要考虑的因素，唯有去卫生间和就餐时才会有动线上的重合。

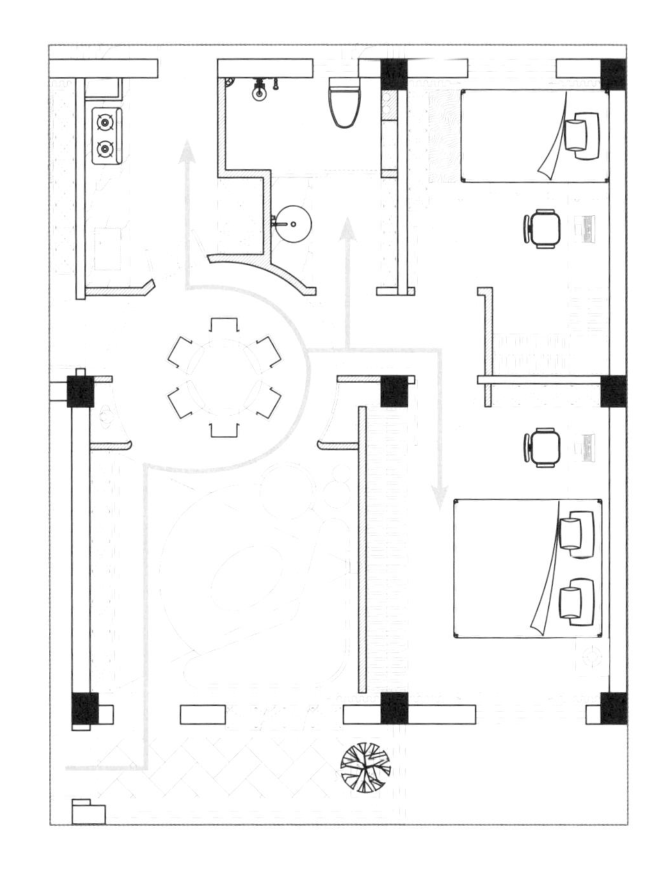

◇方案总结

① 改造入户阳台，提升家居氛围感。

② 餐厅使用圆桌方便行走，优化动线以及收纳区域。

③ 主卧向客厅借空间，增加卧室衣柜收纳容量。

④ 改变卫生间门的朝向，设计干湿分离区域，方便使用。

⑤ 集中家政动线，避免影响儿童空间的活动。

小贴士

不是所有空间都适合圆形动线，计算好适用距离，周围空间能合理搭配才可以。

2.19 墙体不能动，靠动线“盘活”空间

房屋概况		
	■ 房屋状况：二手房	■ 户型：两室一厅一厨一卫
	■ 套内面积：48 m^2	■ 房屋结构：砖混

这套房所在的楼是北京市的第一批电梯房，建于 20 世纪 70 年代，共 12 层。如今这套房子的主人是一位在北京奋斗的姑娘。能在这偌大的城市中拥有一套自己的房，哪怕面积小一些，也算是年轻人在北京实现梦想的第一步。

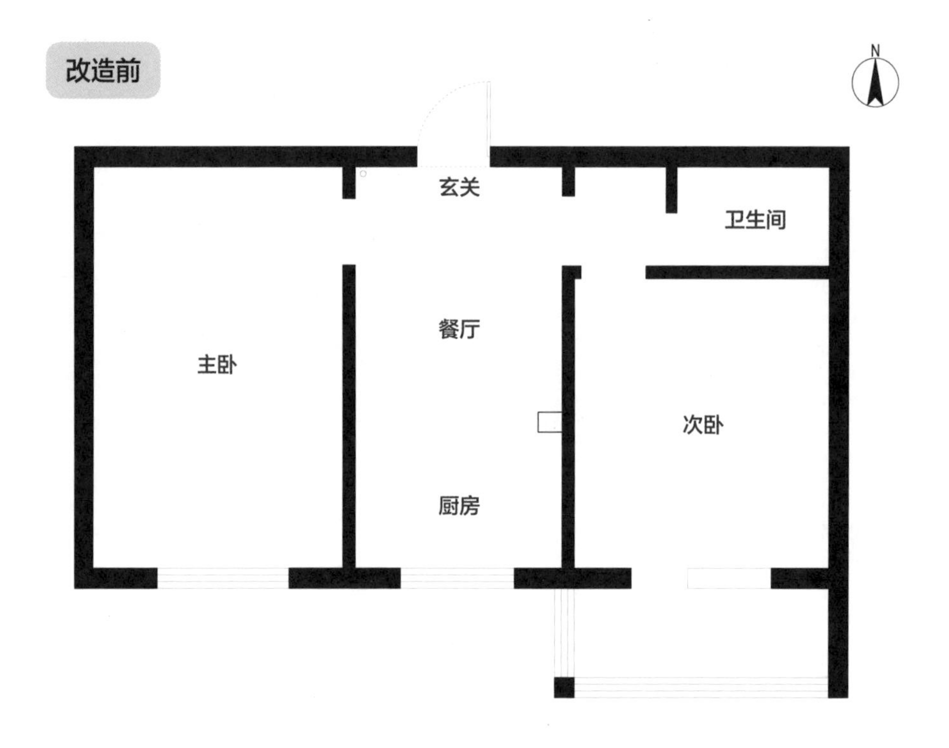

◇户型分析

❶ 整体户型南向单面采光，卫生间无采光。

❷ 阳台无污水管道，无法安置洗衣机。

❸ 入户门边有一个比较粗的污水管道。

❹ 全屋墙体均不可拆除。

◇业主需求

❶ 需要一间能放下双人床的主卧和一间多功能房。

❷ 设置充足的收纳空间，要有梳妆台。

❸ 厨房很少使用，只有周末在家做饭。

❹ 需要有避光的地方收藏及展示香水。

◇设计思路

所有墙体不可动，不能改变原始结构，只能做加法设计。找出原始动线，并沿着动线按照业主的需求，进行功能区域的划分。合并部分功能区来提高空间的利用率。

改造后

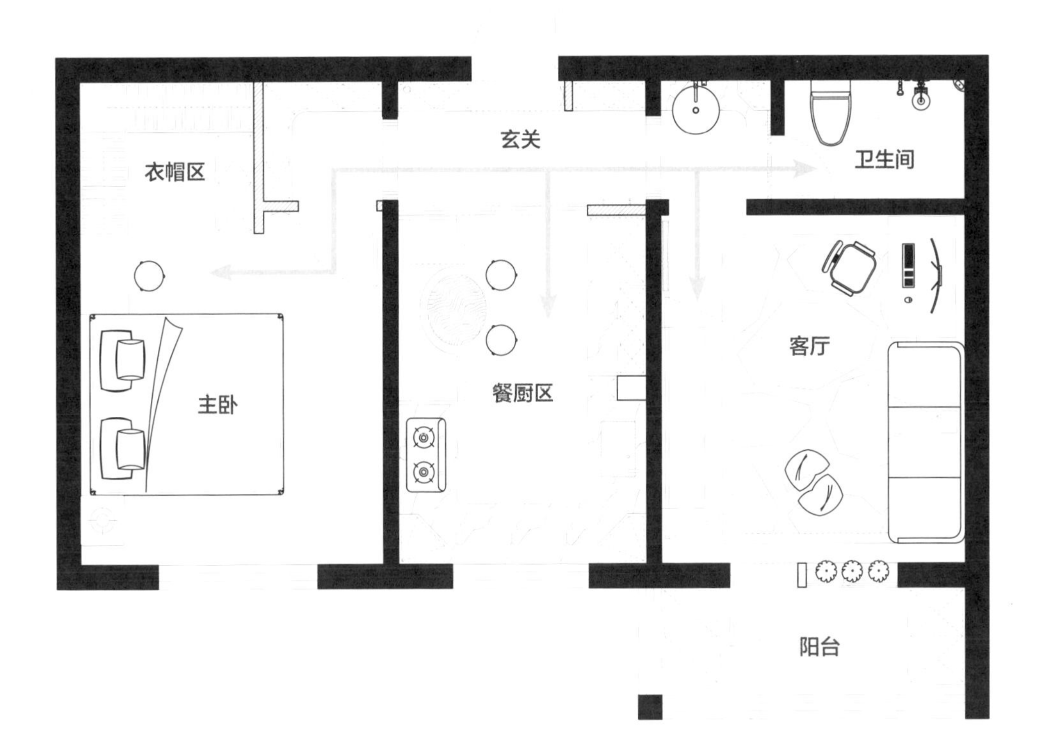

◇设计说明

❶ 将厨房、餐厅、门厅划分功能区，合并餐厅厨房，形成一体化餐厨区，并设置独立的门厅。

❷ 改变卧室门的方向，原门洞区域无采光，设计成香水的收纳展示区。

❸ 带阳台的房间规划为集观影、游戏、瑜伽、客人留宿、电竞于一体的多功能空间。

❹ 阳台无污水管道，将这里改为收纳、休闲的区域。

◇动线分析

1. 利用入户门厅，设计回家动线

入户厅对于业主的居住空间很重要：各式各样的的鞋子需要收纳，回家脱下的外套需要有地方挂，日常买回的蔬菜、零食、饮料等物品需要直接放进冰箱，取回的快递需要有地方收纳。所以，入户两边的置顶鞋柜、靠近门厅的冰箱、冰箱侧边薄墙的挂衣板、长条形的餐桌卡座和底部的收纳空间都设置在距离入户门最近的区域。回家置物动线便捷，入户厅提供了充足的操作和收纳空间。

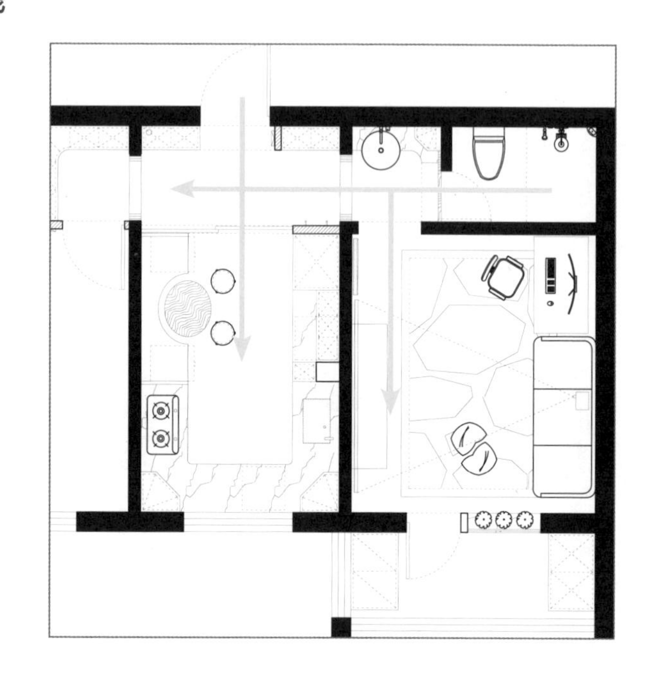

2. 布局合理，休息动线也流畅

衣帽间应该是每一位女性都想拥有的空间，在特定的区域调香水，夜晚洗漱、沐浴、护肤等都可以在这里，避开其他的空间，避免夜晚需要开启其他空间的照明设备。

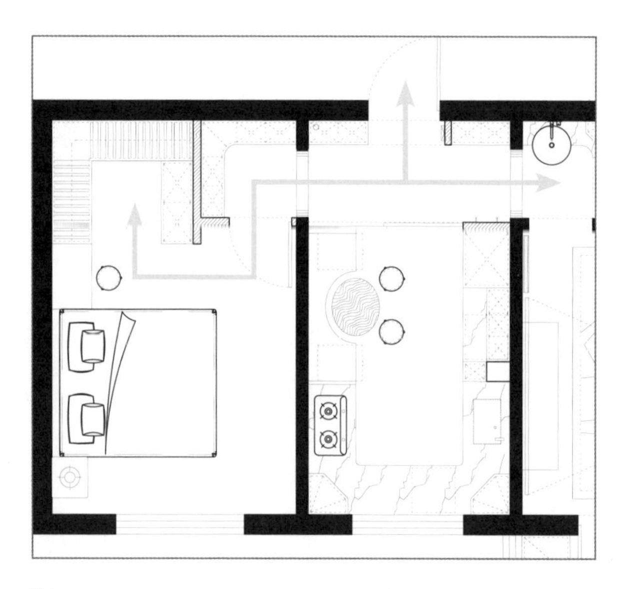

3. 访客动线

宽敞的入户门厅，即使多人同时进门也不用担心拥挤问题。餐厨一体空间可容纳三至五人，为好友聚会提供了场所，也可同伴侣或者闺蜜同时下厨。独立的香水展示空间也是家中的一个景观亮点。业主是一位游戏爱好者，喜欢观影以及瑜伽运动，如果平日有朋友上门做客，那么多功能空间和阳台便可以满足观影、游戏、聊天等活动同时进行。

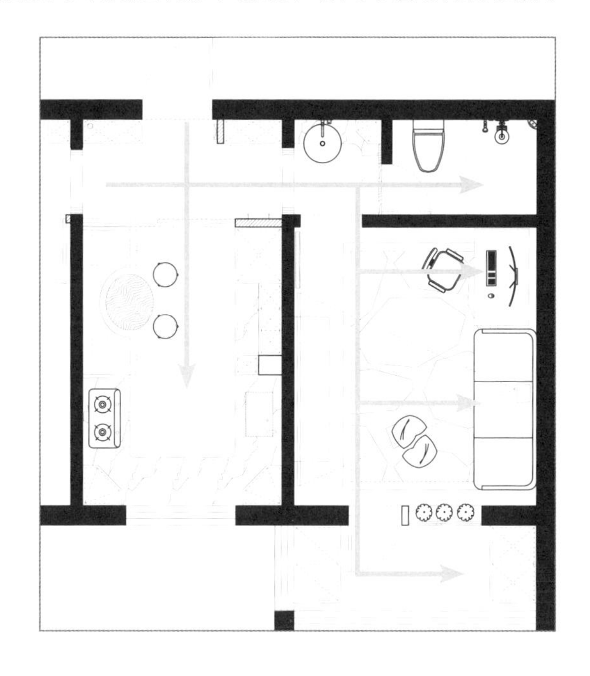

◇方案总结

① 扩大玄关，连接左右两侧空间，拉伸视觉感。

② 合并餐厅、厨房，形成餐厨一体空间，增加餐厨的行走空间和多人同时下厨的空间。

③ 将主卧分成三块区域，划分出休息区、衣帽间、门口沙龙展示区。

④ 将功能房多项功能合并，解决游戏、观影、瑜伽等日常活动所需的空间问题。

⑤ 洗衣机由卫生间外移，安置在冰箱旁的橱柜下方，共用厨房排污管道。

小贴士

不可拆墙的小户型要尽量做加法设计，拆分较大空间，增加功能区，在保持动线合理的情况下，可以在很大程度上提高小户型的空间利用率。

图解公寓楼：房子正中有根柱

房屋概况	■ 房屋状况：新房	■ 户型：三室两厅一厨两卫
	■ 套内面积：109 m²	■ 房屋结构：框架

一对年轻的夫妻，两人经常加班，经过几年的奋斗，终于携手在万家灯火中点亮了一盏属于他们的灯。

房屋采光并不算好，各个空间的尺寸也不是太合理，房屋正中间的一根结构柱显得格格不入，卧室很大，卫生间太小。好在承重墙体少，有很大的改造空间，我们来看看该如何改造这套房。

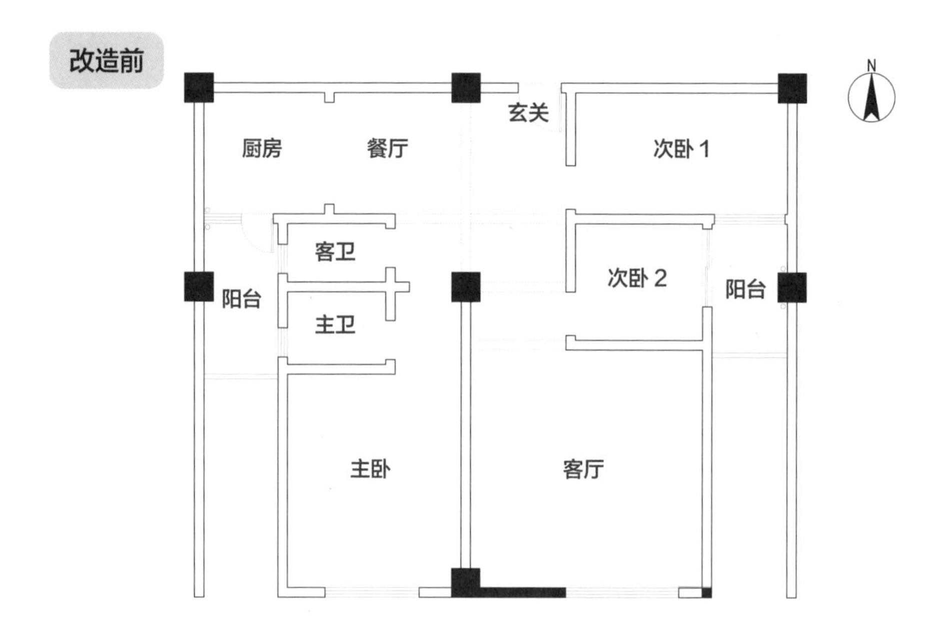

◇户型分析

❶ 双卫空间下沉，两卫相临。

❷ 双阳台都在天井内，采光一般。

❸ 框架结构，全屋室内墙体可拆。

❹ 房屋正中有一根结构柱，不可拆。

◇业主需求

❶ 增设可遮挡玄关的隔断，有充足的收纳空间。

❷ 客卫做干湿分离设计，主卫设置浴缸。

❸ 偶尔有亲朋好友来聚会，增设能容纳 6~8 人的餐桌空间。

❹ 厨房设计成开放式。

◇设计思路

找出每一个空间的动线，在动线交汇处处理与结构柱的关系。重新规划各个空间尺寸，缩小客厅面积，扩大卧室面积。独立出门厅，设计收纳柜。围绕中间结构柱，设计洄游动线，形成回字形功能区。改变厨房的布局，扩充餐厅的空间。

改造后

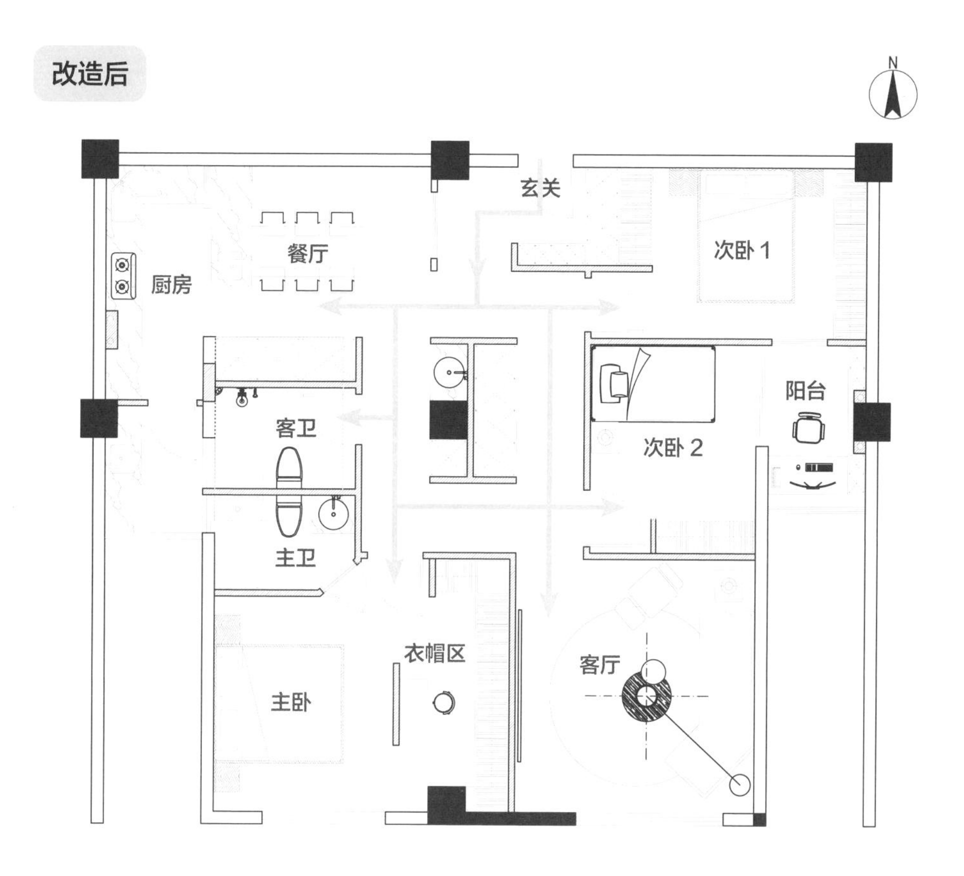

◇设计说明

❶ 做独立入户区，将次卧墙体内移，留出一个收纳柜的厚度尺寸，形成充足的收纳空间。

❷ 改变厨房布局，向阳台方向扩充面积；在厨房和餐厅之间设计岛台，并连接餐桌，可供 6~8 人同时使用。

❸ 卫生间向主卧方向扩充面积，在餐厅内嵌餐边柜，增加餐厅收纳容量。

❹ 以中间结构柱为中心，围绕其设计收纳柜，将卫生间洗漱池内嵌在此处，做卫生间干湿分离设计。

◇动线分析

1. 访客洄游动线，与空间巧妙融合

业主家中常有亲朋好友做客，厨房、餐厅之间采用推拉门可将厨房变为开放式，水池处抬高 10 cm 可充当岛台使用，又避免了业主在洗碗时过度弯腰。

通过房屋中间的结构柱规划出的走廊收纳区，形成洄游动线，兼具了衣柜、家政柜和储藏功能。将洗漱池外移到走廊区，与整体空间融合，也增添了空间的灵活性。业主在洄游通道任何一个区域都不会直视卫生间的门。

在入户区左侧向次卧区域扩充了一个柜子，大大增加了鞋帽的收纳空间，并且入户正对洄游走廊中部侧墙，在墙上安装装饰画便可让入户动线上多一道漂亮的端景。

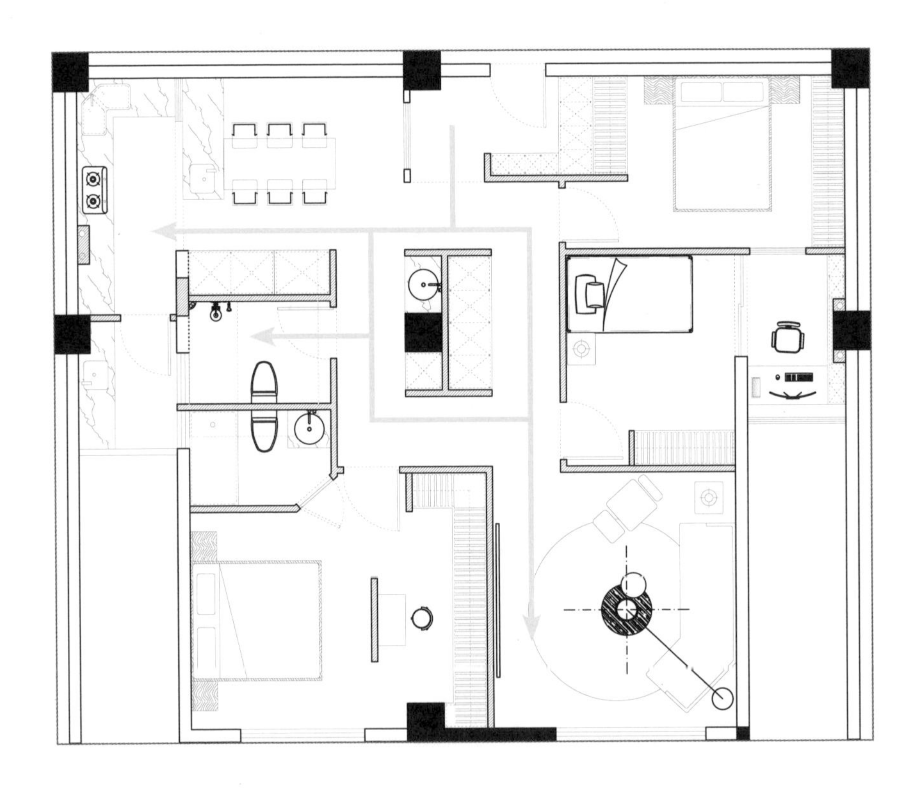

2. 夫妻起居动线

在主卧设计 L 形衣帽间，同时中间增加梳妆台，形成半封闭式的衣帽间。次卧 2 阳台区打造为书房，利用推拉门与卧室区域分隔，既保持相对独立，又不影响大空间的流畅性，成为学习、办公的核心区。

即使以后生育孩子，老人来帮忙带孩子，每个家庭成员都会有独立的动线，各自畅通行走，避免相互干扰。

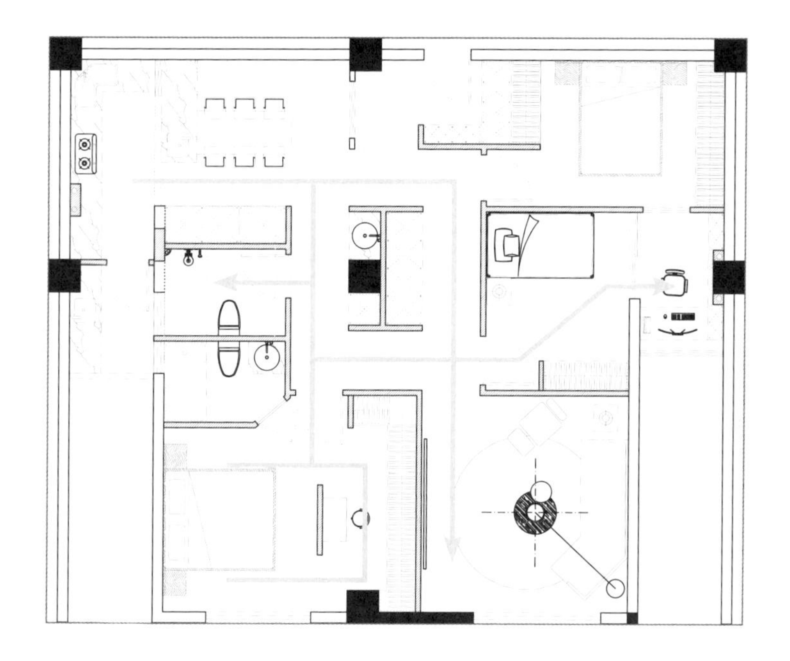

◇方案总结

① 以中间结构柱为中心，规划洄游动线，沿动线设计收纳区，解决住宅空间浪费的问题，提升动线流畅性。

② 卫生间向主卧方向扩展面积，让原本两个小卫生间变得更实用和舒适。

③ 调整两间次卧尺寸，让其空间更加合理。

小贴士

卫生间是下沉式的，改造卫生间时，注意马桶排污管道的改动不要超出下沉区域。

2.21 住宅楼梯空间的异型动线破解

房屋概况	■ 房屋状况：新房	■ 户型：三室两厅一厨两卫
	■ 套内面积：109 m^2	■ 房屋结构：框架

一对夫妻的新房，父母周末偶尔来住，户型整体看上去还算方正，是顶楼带阁楼的住宅。可令他们困扰的是没有到阁楼的楼梯，他们希望能解决这个问题，但又不想损失过多的空间来建造楼梯。在这种情况下，如何解决这个问题呢？

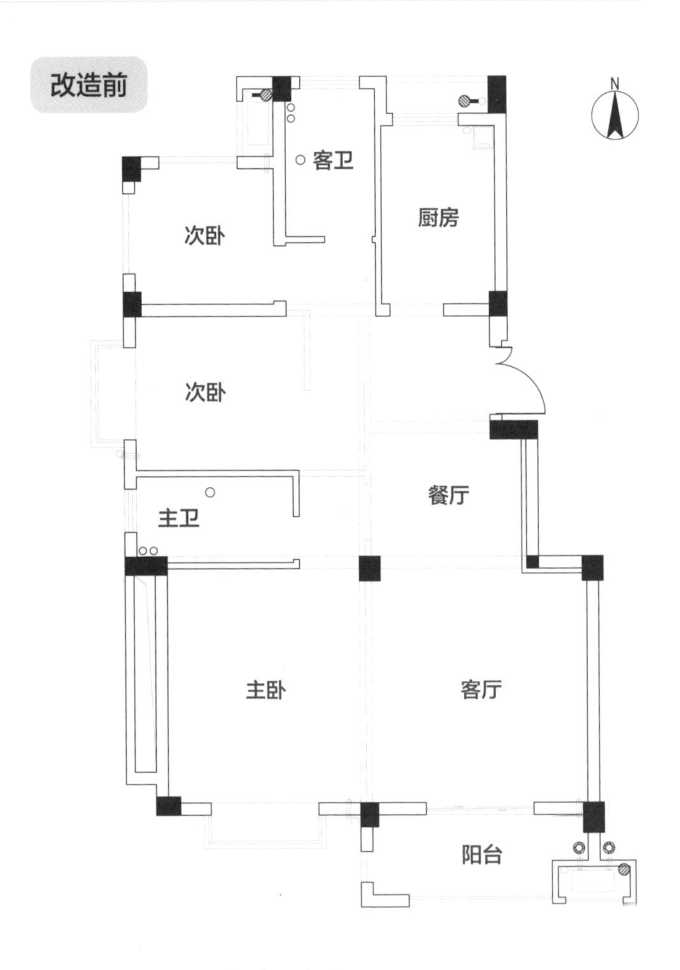

◇户型分析

❶ 门厅空间比较“鸡肋”，餐厅空间不够用，顶梁太多。

❷ 客卫旁边的空间为赠送区域，采光良好。

❸ 室内无上阁楼的楼梯。

◇业主需求

❶ 需要设计一个上阁楼的楼梯。

❷ 保留两间卧室，增加餐厅区域。

❸ 若有空间需要扩充或增设空间，则可以牺牲一个房间或卫生间。

◇设计思路

先找出可上楼的区域，避开横梁。门厅左侧空间不够做楼梯。卧室是斜坡顶，也无法做楼梯。在尽量不破坏空间的前提下，只有入户和走廊区域可以设计楼梯。在入户时动线以楼梯为界，左右分支，楼梯斜对着入户门。

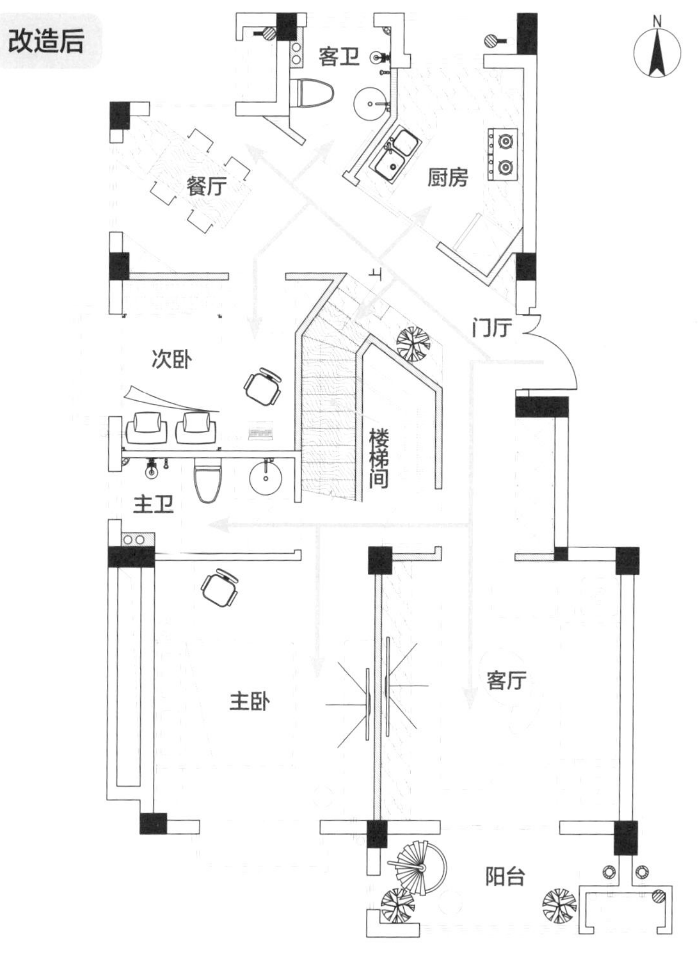

◇设计说明

❶ 缩小门厅面积，保留基本的鞋帽收纳空间，其余空间留给主卧。

❷ 在楼梯侧面延伸处设计端景，正对入户门。

❸ 楼梯下方的空间做主卧的衣帽间。

❹ 沿动线改变厨房和客卫的结构，将西北角采光较好的区域变为餐厅。

◇动线分析

1. 两代同堂动线

虽然父母来的次数不多，但是年轻夫妻还是希望能有自己的独立空间。所以在父母偶尔来居住的时候，家中的动线便可拆分为三条：一条是夫妻的独立空间动线，集中在他们的卧室；一条是父母的居住动线，集中在次卧和餐厅；第三条便是公共动线，集中在客厅通道处和阁楼中。两代人既有自己的私密空间，又有公共的空间，进一步减少了家庭成员之间的矛盾。

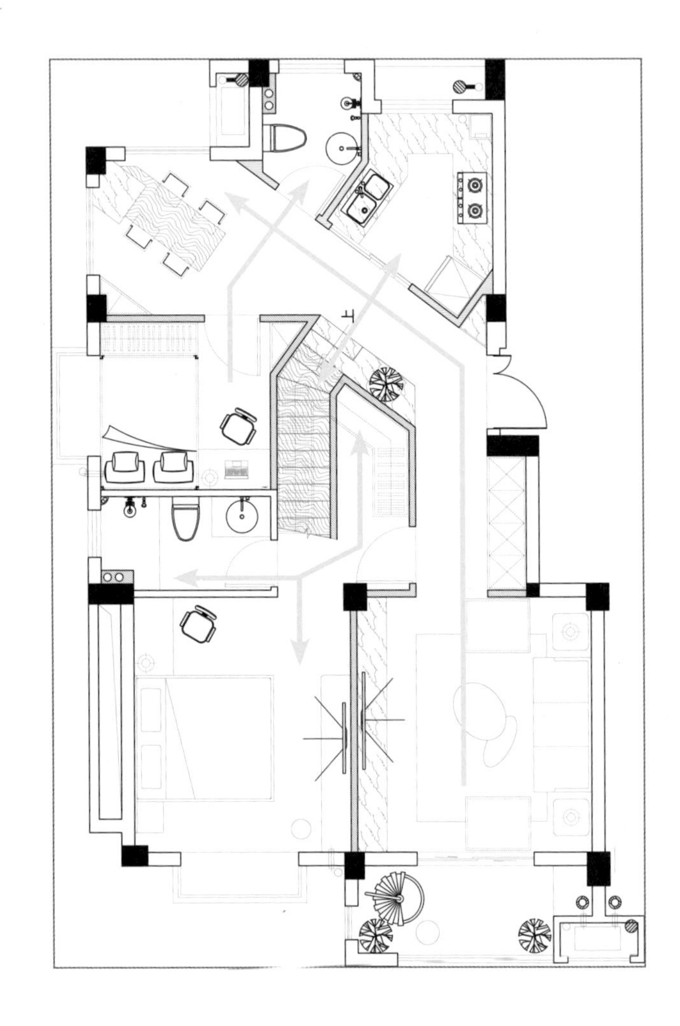

2. 访客动线

入户的端景、左侧鞋柜、右侧可置物的三角台、双边落地窗的餐厅空间、可娱乐的阁楼和宽阔的客厅是访客的主要动线。

客厅是娱乐、游戏、观影功能区，餐厅是小酌、聊天、喝茶功能区，阁楼是健身、聚会、留宿功能区。三个功能区各自独立，即使来了很多人做客，也各自都有自己的娱乐空间。

楼梯虚化了通道狭窄的问题，楼梯延伸出的入户端景显得空间不那么单调。

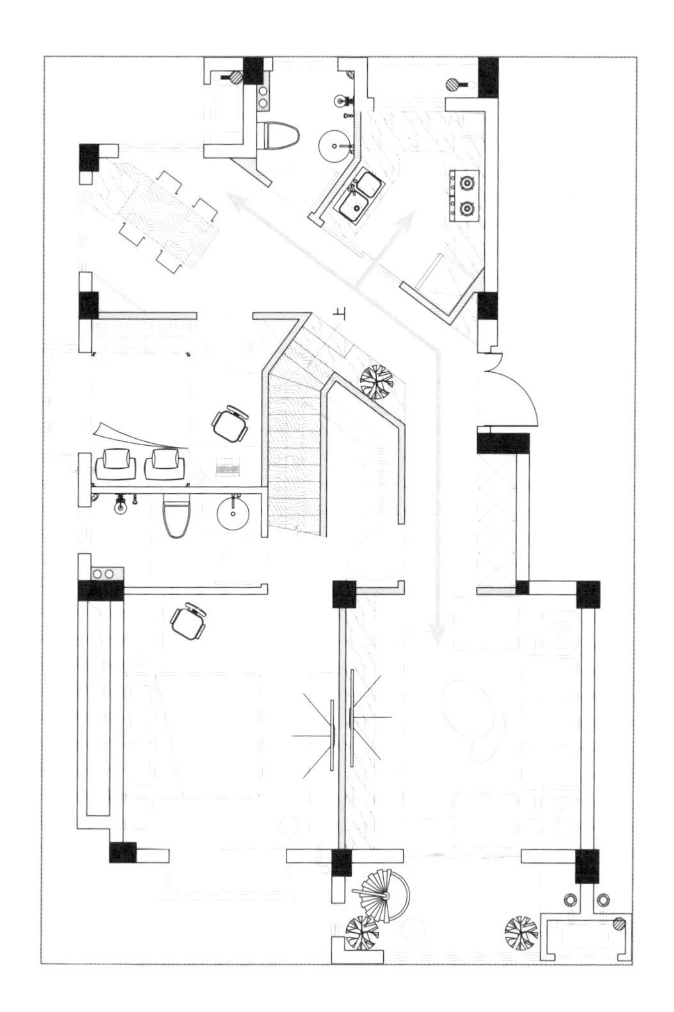

◇方案总结

① 找出最可能设置楼梯的位置，沿楼梯拆分动线。

② 沿动线改变厨房、客卫、餐厅结构，使其更加合理适用。

③ 楼梯下部向主卧开放，形成衣帽间。

小贴士

异型户型改造需要把握好人体工程学的尺寸，更要极好地控制异型改造形成的夹角，并尽可能地利用夹角。

2.22 “麻雀虽小，五脏俱全”的两室两厅

房屋概况		
	■ 房屋状况：二手房	■ 户型：两室一厅一厨一卫
	■ 套内面积：54 m²	■ 房屋结构：框架

年轻的小两口奋斗多年购置了这套二手房，房子虽然不大，但至少在北京万家灯火的夜晚中点亮了一盏属于自己的灯光。夫妻俩目前还没有孩子，但未来有孩子后还会住在这里，老人可能还要来帮忙一段时间，所以需要对这个户型做一个彻头彻尾的改造。

改造前

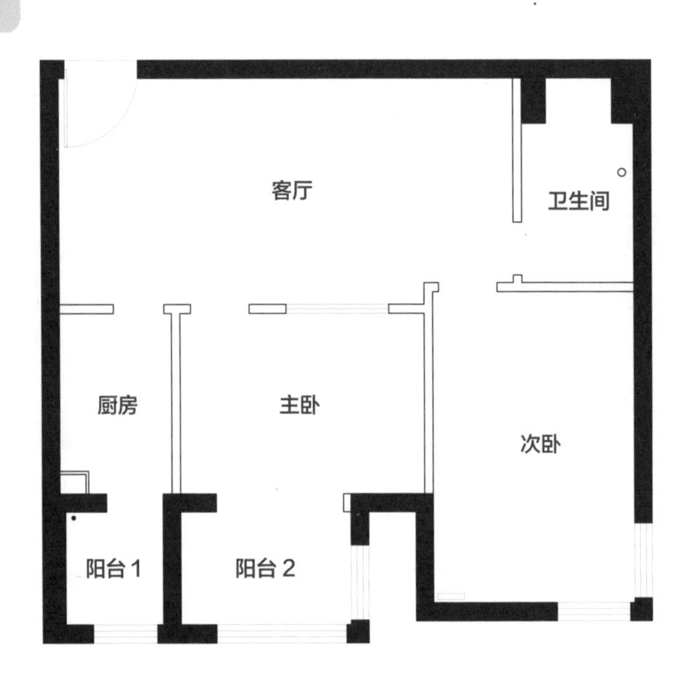

◇户型分析

❶ 南面单向采光，卫生间无采光。

❷ 从西北方向入户，有两个阳台。

❸ 内部墙体大部分可拆，改造自由度比较大。

◇业主需求

❶ 需要两间卧室，主卧需要梳妆台。

❷ 希望有一个小吧台。

❸ 有两个人同时工作的区域。

❹ 卫生间做干湿分离设计。

◇设计思路

先忽略原有可拆墙体，再重新规划动线。入户区直通厨房，厨房空间向小阳台推移。规划通往另一个阳台的动线和通向卫生间的动线。在两条阳台动线之间设置餐厅。借用阳台，划分出靠窗的集吧台区、收纳区、临时办公区、喝茶区于一体的综合区域空间。

改造后

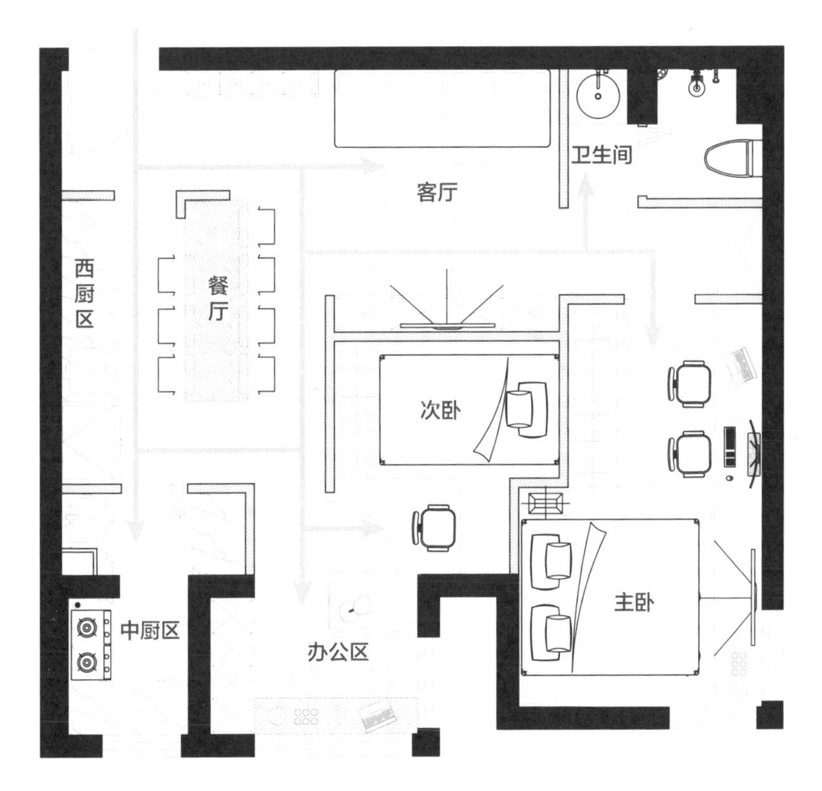

◇设计说明

❶ 在餐厅定制长方形多功能餐桌，扩充厨房面积到阳台后，沿墙设置西厨操作台和冰箱。

❷ 卫生间做干湿分离设计，原洗漱台区域设置洗衣机和烘干机。

❸ 将原主卧、次卧位置调换。

❹ 次卧向主卧方向压缩面积，保留次卧内床、衣柜、书桌的功能区，两间卧室均采用“收纳地台上铺床垫”的方式来增加收纳空间，同时在主卧靠床边位置增加双人办公桌空间。

◇动线分析

1. 新规划整体动线，围绕餐桌设计洄游动线

年轻人的家中总免不了好友来聚会交流，所以规划了大餐桌作为活动的中心区域，也尽可能为未来的孩子提供更大的活动区域。

入户区分段式的隔断遮挡围合成独立门厅，餐厅、西厨区的洄游动线区可容纳 6~8 人，满足年轻人日常生活以及聚餐活动的需求，吧台区靠近餐厨区进一步增强这个空间的实用性。

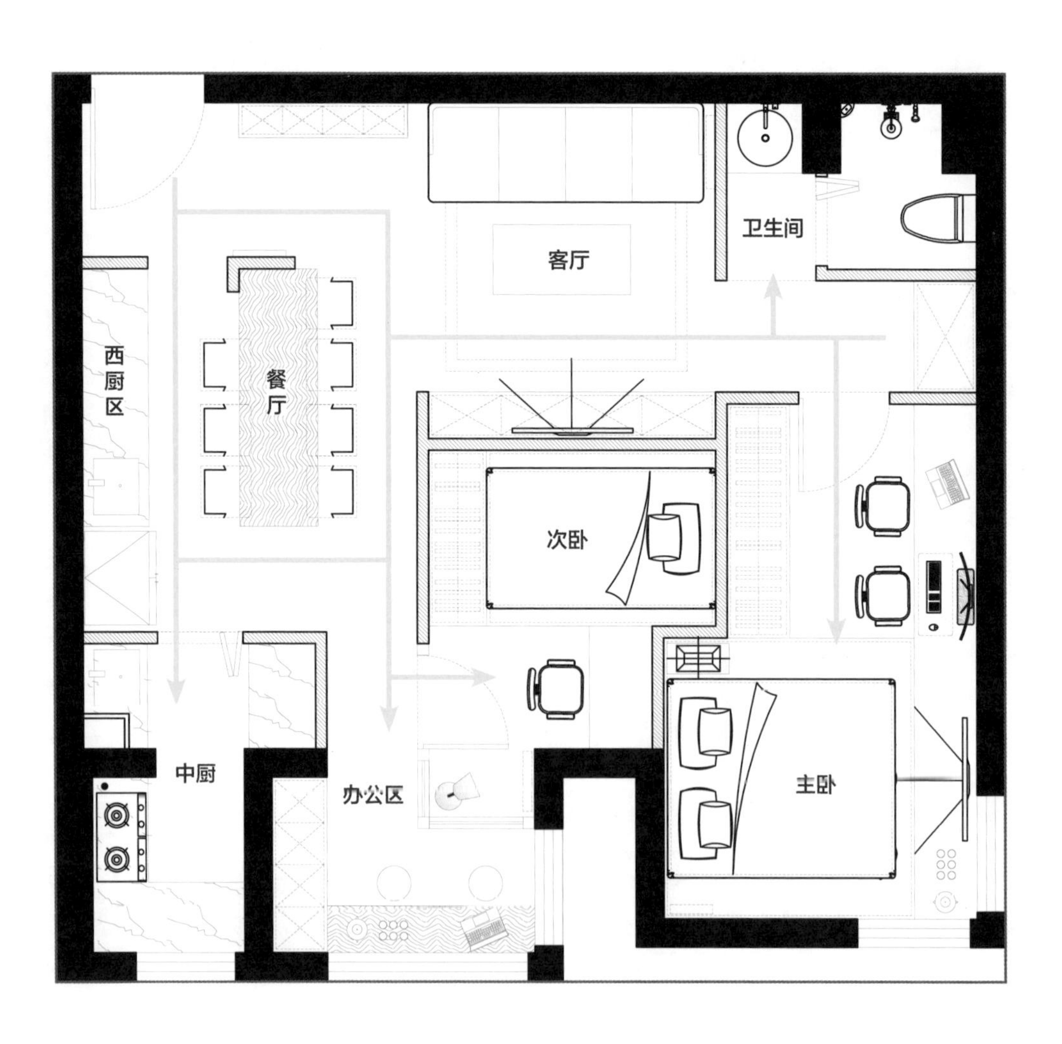

2. 居住动线

卧室位置并没有发生改变，但布局和入室方位发生了改变，最大程度地保证采光和收纳容量。卫生间做干湿分离设计后，洗漱台也很好地避开了正对主卧的门，用洗衣机和烘干机解决家庭的清洁问题。阳台依然是办公区，可以安装升降衣架，满足一些日常晾晒需求。

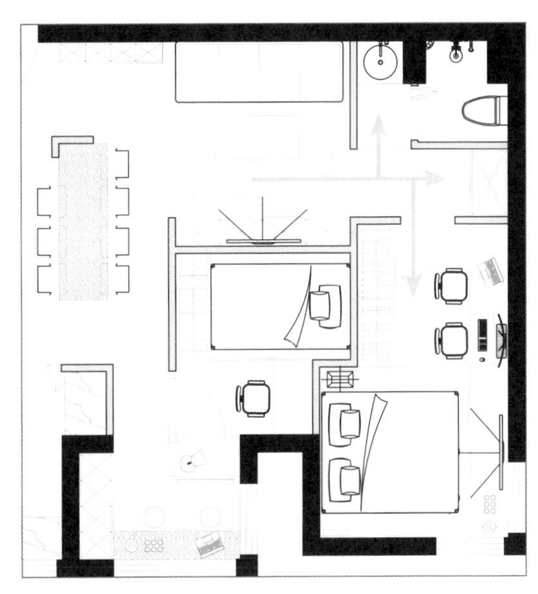

◇方案总结

① 拆除室内所有可拆墙体。

② 重新规划动线，以餐厅洄游动线为基础向四周扩展。

③ 分离出中西厨房，中餐厨房与阳台空间合为一体，提高功能性的同时也增加了采光。

④ 改变卫生间方向，借用的客厅一点空间使卫生间实现干湿分离，同时，还能腾出洗衣机和烘干机的空间。

⑤ 改变卧室结构，最大限度满足家庭成员的睡觉、学习、收纳等需求。

小贴士

户型动线流畅很重要，保证活动路线畅通，才能显得不拥挤。

2.23 奇怪的“面包车”式斜角户型

房屋概况		
	■ 房屋状况：二手房	■ 户型：三室无厅一厨一卫
	■ 套内面积：63 m^2	■ 房屋结构：砖混

斜角户型，通常是 L 形平面建筑转角处的户型，不论是南户还是北户大多都会是异型结构，而异型结构的转角又很难利用。这套 63 m^2 的转角房是一套学区房，要居住一家三代五口人，虽然是三室但每个空间都很局促，没有客厅和餐厅，入户便是一条通道，甚至都没有一个用餐的地方。

改造前

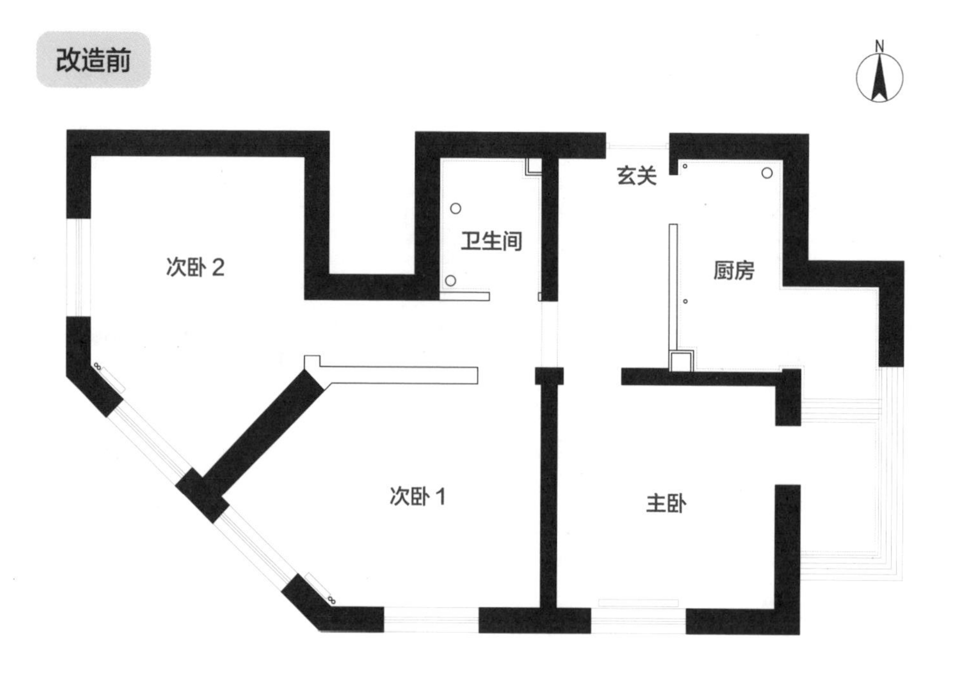

◇户型分析

❶ 砖混结构，绝大部分墙体不可动。

❷ 厨房一侧墙体可动，次卧 1 一侧墙体可动。

❸ 房间采光比较充足。

◇业主需求

❶ 需要三间卧室和一间书房，有餐厅的位置。

❷ 主卧需要设置投影仪。

❸ 要有足够挂衣服的区域。

❹ 儿童房要放置一台钢琴。

◇设计思路

由于房屋结构限制，初步能做的就是打开厨房区域，扩展入户空间，厘清入户动线。主动线基本不能改变，只能在此基础上做加法设计。由于两个异型卧室的面积足够，所以可以考虑把两间卧室进行拆分，以三角形进行切割，看是否能加以利用。

改造后

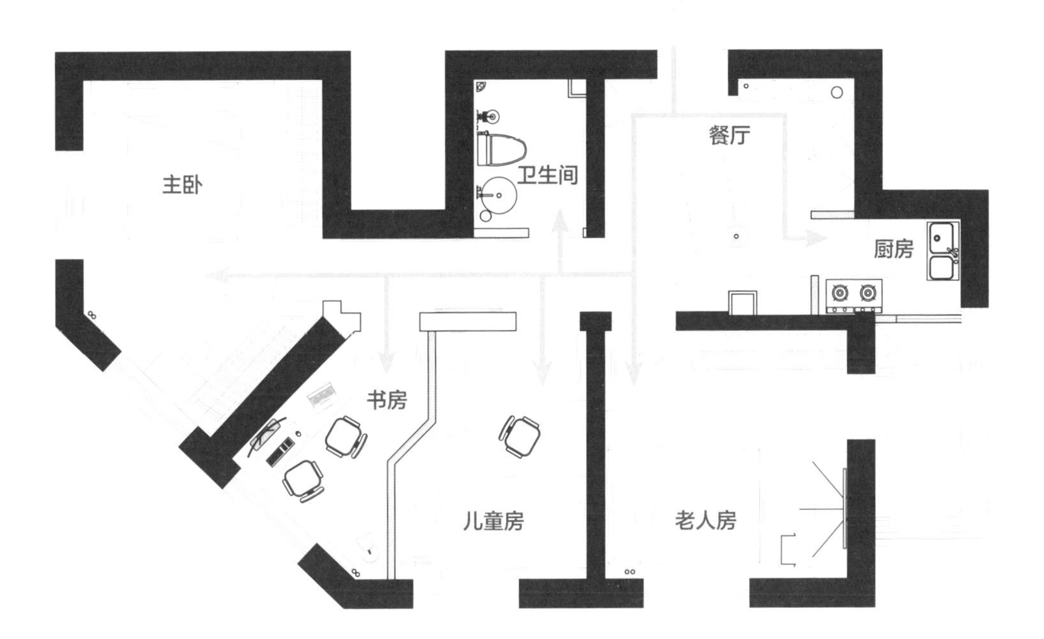

◇设计说明

❶ 扩充入户空间，合并厨房，保证在厨房内有空间可以正常操作的情况下，把其余空间全部让出。

❷ 以厨房加餐吧的方式来规划，餐桌连同橱柜一起制作，燃气管也用橱柜材料包裹，将餐桌偏移一定的角度来保证厨房通道的畅通。

❸ 两个异型卧室利用三角区域，分别隔离出一间独立的书房和主卧的衣帽区，在主卧衣帽区和床之间安置升降投影幕布，同时在窗下增设梳妆台。

◇动线分析

1. 孩子的学习和娱乐动线

孩子有独立的卧室，内设 1.2 m 宽的单人床、衣柜、钢琴、书桌，这间卧室与卫生间距离最近，不会受到来自餐厅噪声的干扰。虽然空间略显拥挤，但可供孩子使用的空间还是够用的。除了儿童房满足了孩子日常的功能需求，书房也可变为亲子学习区和夫妻工作区。主卧的投影仪除了供夫妻俩日常观影，也可供孩子看纪录片。

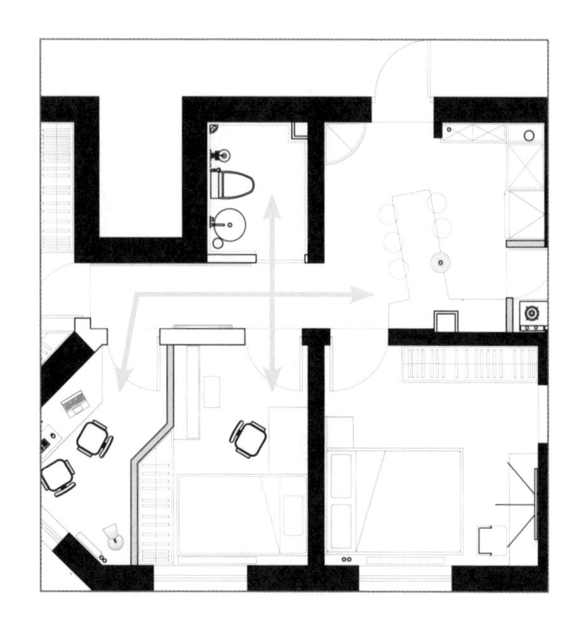

2. 采光通风好的房间做老人房

老人喜欢晒太阳，比较怕冷，把采光条件好的房间留给老人，与阳台相连，既有利于实现房间内空气的流通，又方便老人日常的活动。卧室中的燃气管道不可移动，无法规划最近路线让老人进入厨房，好在房子本身不大，不会给老人造成困扰。

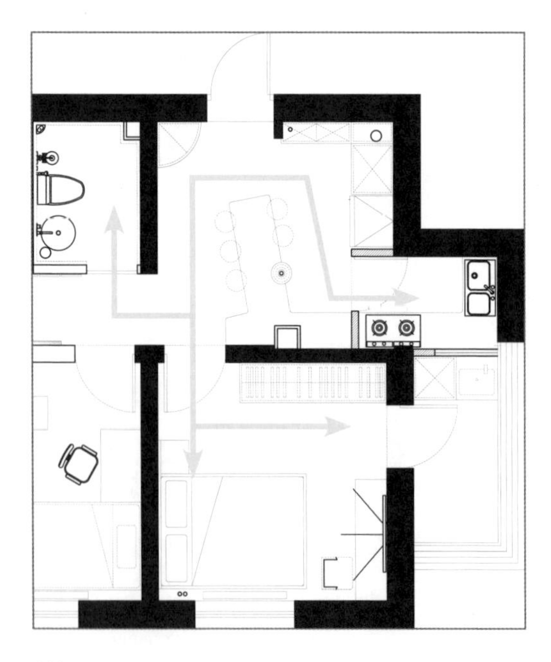

3. 简单、集中的家务动线

家务动线需将动线使用率高的厨房、餐厅有顺序地集中在一起，根据家人做家务的习惯和家务特点合理安排家务动线，尽可能地简化动线。

从外面买菜回来，先直接进入餐厅备餐，然后到厨房进行烹饪，最后出餐，放到餐桌上。这样的做饭操作动线非常顺畅，集中在一个区域，不会使动线反复交叉。

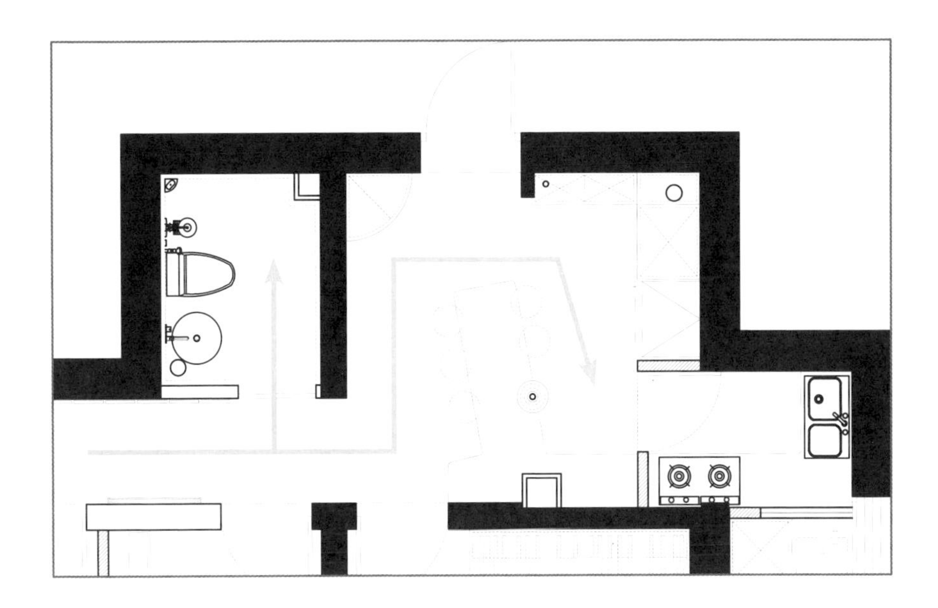

◇方案总结

① 打开厨房和入户通道，让入户区变成公共活动区、餐厅区、家庭互动区。

② 最大化地扩充阳台区域，在不影响厨房和老人房的情况下，哪怕只能扩充 10 cm 也要改动。

③ 利用两间卧室的尖角部分，分离出独立的书房和主卧衣帽区、化妆区。

小贴士

燃气管不可用水泥砂浆包裹，可使用橱柜板材。

如何拯救小餐厅：这餐厅好像是“借”来的

房屋概况	■ 房屋状况：新房	■ 户型：三室两厅一厨两卫
	■ 套内面积：114 m^2	■ 房屋结构：框架

这是一套 30 岁业主的第二居所，短期内居住 1~2 人，父母或者朋友偶尔会来住一两天，业主考虑未来会要 1~2 个孩子。

虽然房屋算是一个挺规整的户型，但实际不少地方尺寸都不太合理，有些过小，特别是餐厅。但是作为第二居所，又不需要按照多人口居住来设计，那么第二居所需要解决哪些问题呢？

改造前

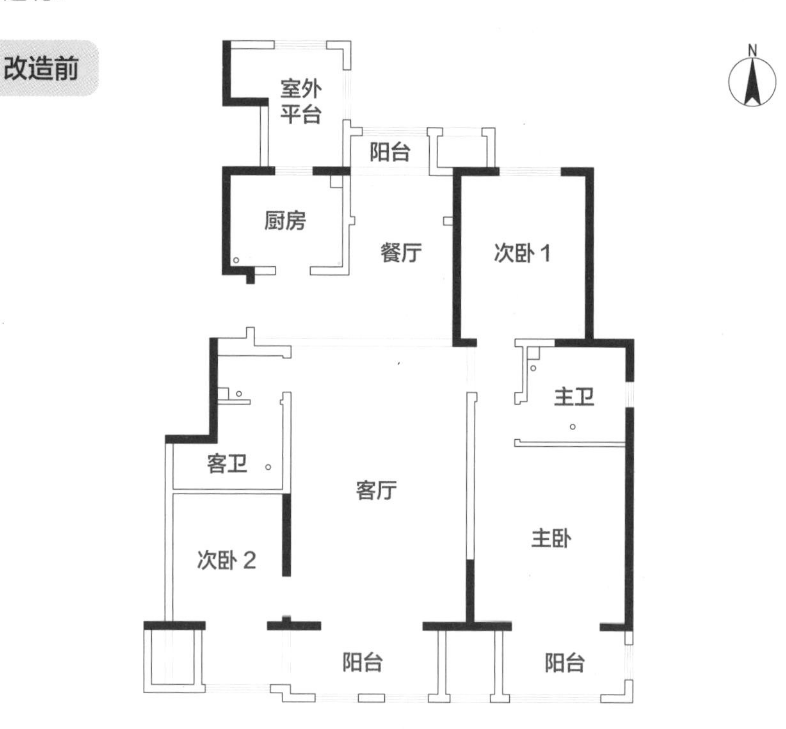

◇户型分析

1. 客厅非常大，进深有些过长。
2. 卫生间的门正对客厅。
3. 有一个室外平台可以规划入室内。
4. 餐厅过小，开间只有 2.3 m。

◇业主需求

1. 将阳台空间规划入室内，合理利用。
2. 厨房使用频率高，希望能有中西分厨。
3. 入户区需要遮挡，进门要有收纳鞋子的地方。
4. 有一些健身器材，需要有健身区域。

◇设计思路

由北侧阳台打通室外平台，将平台规划入室内。改变厨房门洞位置，给门厅留出收纳柜空间。原有餐厅太小，故借用客厅和门厅空间改变餐厅位置。将原餐厅变为西厨以及吧台。三间卧室动线不改变。

◇设计说明

❶ 借用厨房一些空间，设置入户区到顶的鞋柜。

❷ 改变餐厅位置，设置岛台，岛台一侧设计部分 L 形薄墙，对入户区进行视线的遮挡，同时也遮挡卫生间的门。

❸ 电视墙做凸起设计，抢夺视线，隐蔽次卧的门。

❹ 将临近厨房的室外平台空间与阳台打通并规划入室内空间，设置健身房。

◇动线分析

1. 南北通透的客厅和餐厅的访客动线

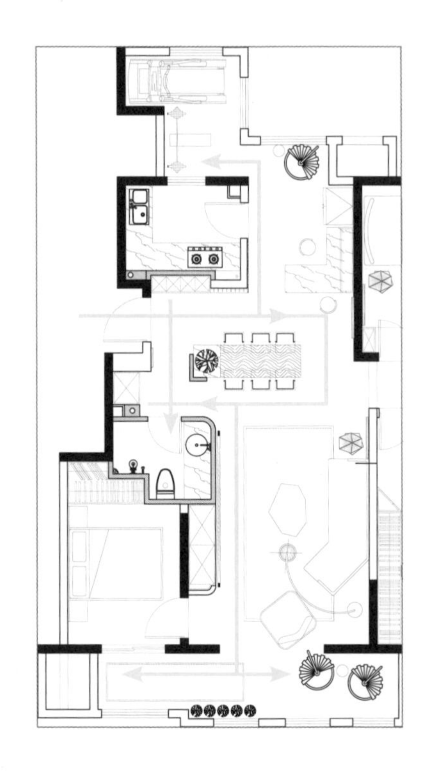

业主平时在城区生活工作，这里并不是他的主要居所，所以除了卧室，我们把更多的空间划分为公共空间，方便家庭聚会、朋友玩乐。由客厅、餐厅的北向开始，西厨吧台到餐厅的回字形动线，到客厅多人聚会，再到最南侧连通的阳台，让整个客厅、餐厅南北通风、采光达到最优的状态。我们把洗衣机、烘干机放在了客卫的门口处，保证能够使用即可，把阳台空间作为娱乐休闲兼补充晾晒的功能区。

2. 改变客卫开门方向，改变动线路径

原客卫开门方向面对客厅，不仅影响用餐者的心情，还会增加入户时进入客卫的动线距离。改变客卫开门方向，入户后从右侧直接进入，缩短动线，与其他动线不交叉。

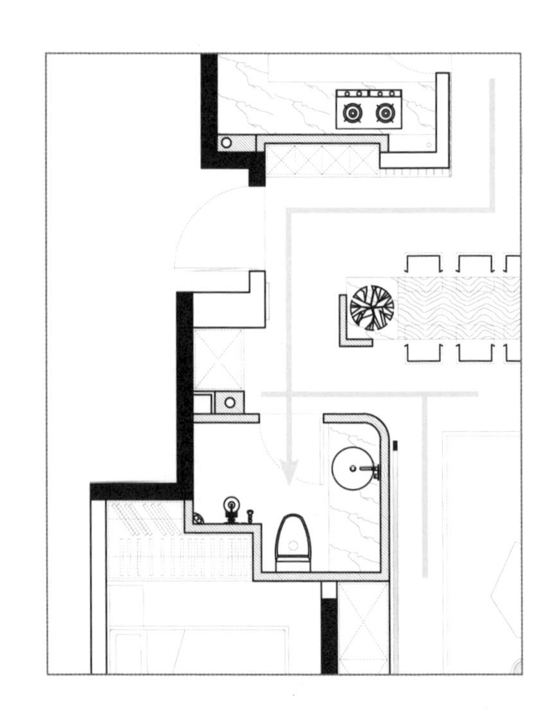

3. 居住动线保护日常的隐私

居住动线一般指业主休息、活动等路线，涉及的功能区有客厅、卧室、书房、衣帽间，这些都是私人的空间。所以，居住动线要与公共空间的动线分开，保障业主的生活隐私。

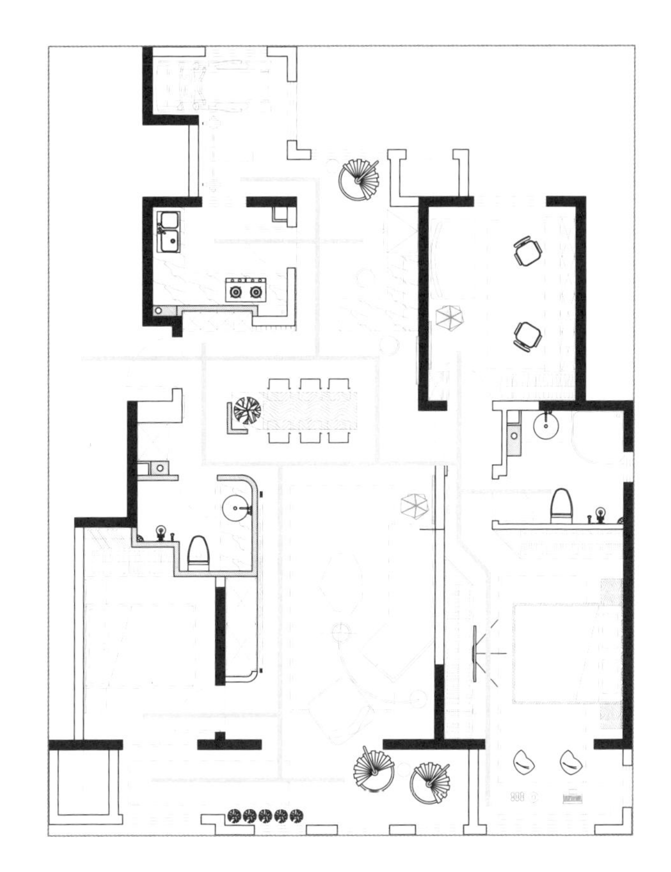

全屋动线除了访客动线，剩下的全都是业主私人的动线。宽敞明亮的居家环境、烹饪美食的互动，夜晚两人在吧台小酌，在客厅投影巨幕下观影，在阳台举杯观星邀明月。

◇方案总结

① 改变客卫门洞方向，给门厅让出空间。

② 餐桌吧台设置角墙，对入户进行视线遮挡。

③ 将所有阳台规划入室内，最大化地实现视线上的通透性。

④ 主卧阳台规划入室内，设置长条桌，让主卧变成具备卫浴、衣帽间、书房三大功能区的大套间。

小贴士

厨房、卫生间墙角的污水管道是贯穿整栋楼的，不可私自拆除，改造空间时要注意规避这个问题。

2.25 入户转个弯，家有萌宠随便玩

房屋概况		
	■ 房屋状况：新房	■ 户型：四室两厅一厨两卫
	■ 套内面积：106 m²	■ 房屋结构：框架

业主夫妻俩目前还没有孩子，和父母一起住，家中有八只猫和两只狗。好在家里的宠物都是散养，不需要特别的区域安置宠物，节省了不少空间，但一些适当的宠物设施还是要有的。

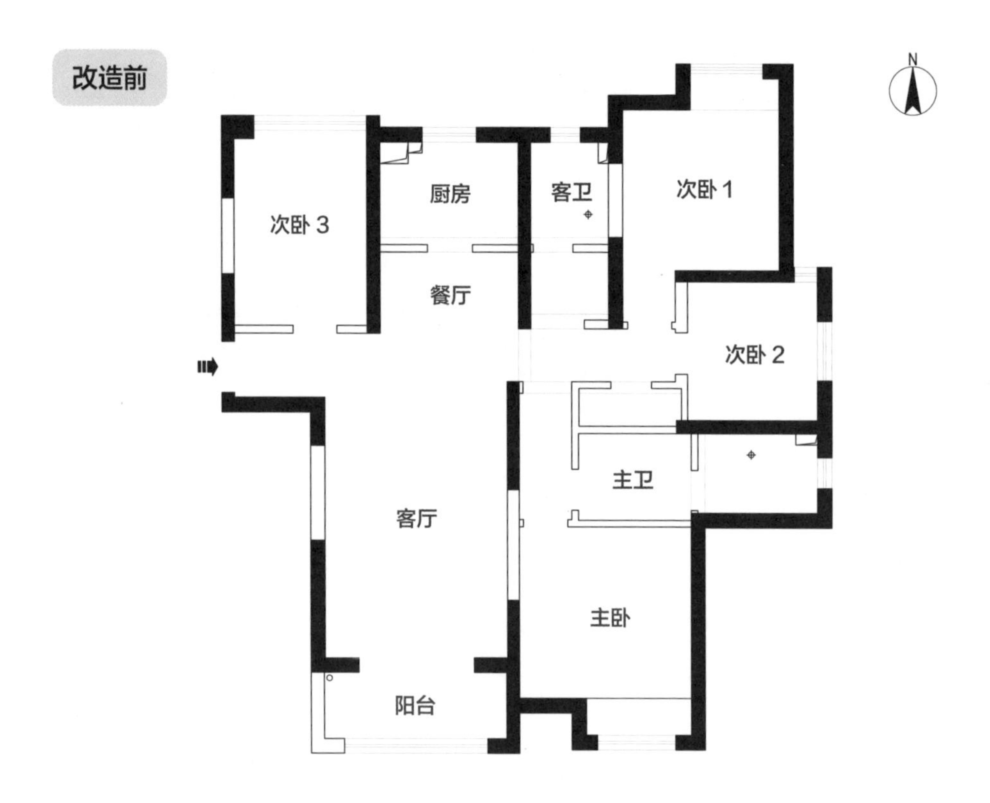

◇户型分析

❶ 入户区视线贯穿室内，正对次卧2的门。

❷ 餐厅尺寸略小，东西两侧都是承重墙。

❸ 卧室区域承重墙较多。

❹ 客厅非常大，进深过长。

◇业主需求

❶ 动静分区，预留儿童房。

❷ 有一个乐器区和办公空间。

❸ 餐厅满足 6~8 人用餐。

❹ 主卫浴缸、淋浴做分离式设计。

◇设计思路

借改变的动线规划入户门厅和遮挡区。餐厅面积过小，东西向承重墙不能拆改，北向厨房面积也不大，只能往南向客厅扩充。由于餐厅需要向客厅扩充，所以顺势改变动线。

把书房放在入户旁的房间，做成半开放式，来扩充客厅和餐厅的面积。因为卧室数量足够满足需求，所以无需大改，根据需求微调即可。

改造后

◇设计说明

❶ 入户动线向西北方向偏移，设置乐器区，同时在墙体上设计置物架，形成入户的端景。

❷ 乐器区和书房区以半通透的隔断作为遮挡，形成半开放式的办公空间。

❸ 餐厅定制餐桌吧台和卡座，动线向客厅延伸的同时，布局也向客厅偏移。

❹ 主卧卫生间的面积较大，单独放置洗漱池，使浴缸和淋浴区分离。

◇动线分析

1. 访客及萌宠动线

客人进入独立的门厅，左边是乐器区的造景、若隐若现的办公区，右转就是电视墙，走入客厅，视线落在通透的阳台上，坐在沙发上，旁边是猫爬架，家中似乎变成了一个猫咪主题咖啡馆，两只护卫犬也陪伴左右。当然宠物的主要动线还是集中在客厅和餐厅区域，满屋溜达的狗狗和上窜下跳的猫咪触及了客厅、餐厅以及书房的每一个角落。

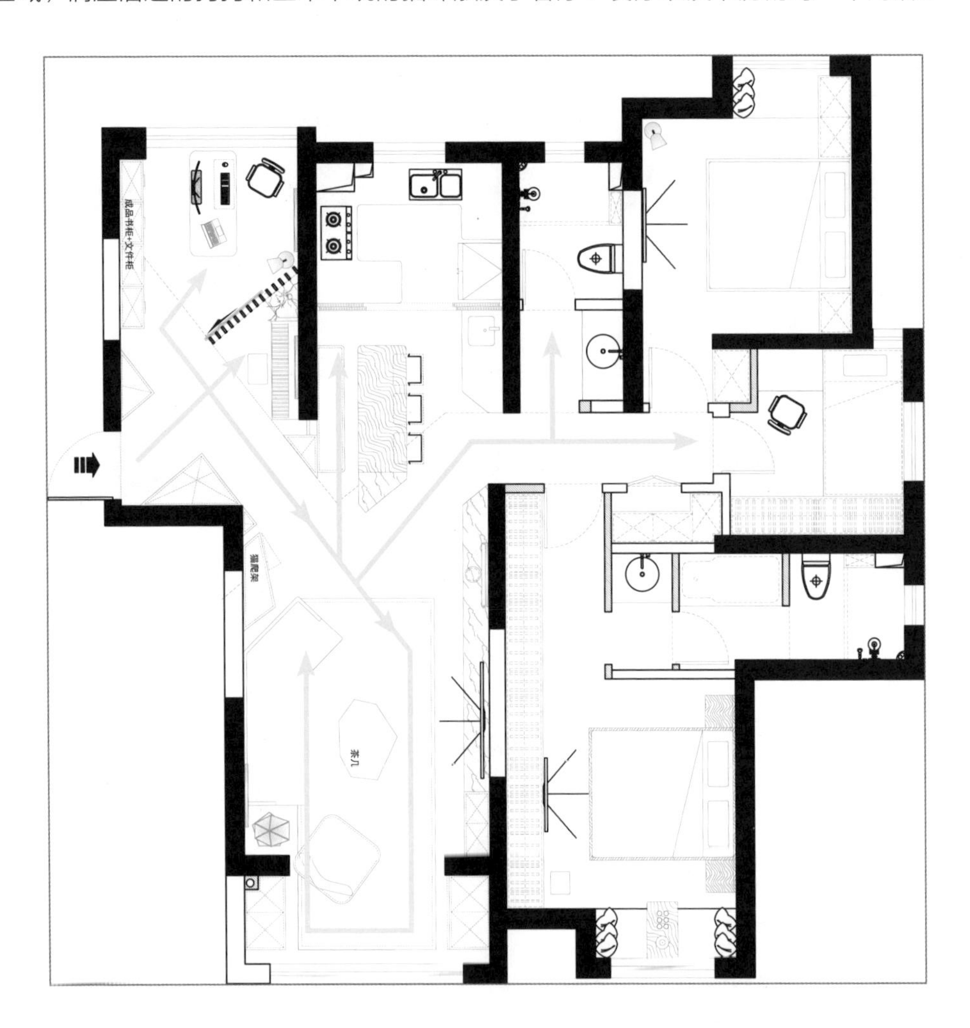

2. 家庭成员的日常起居动线

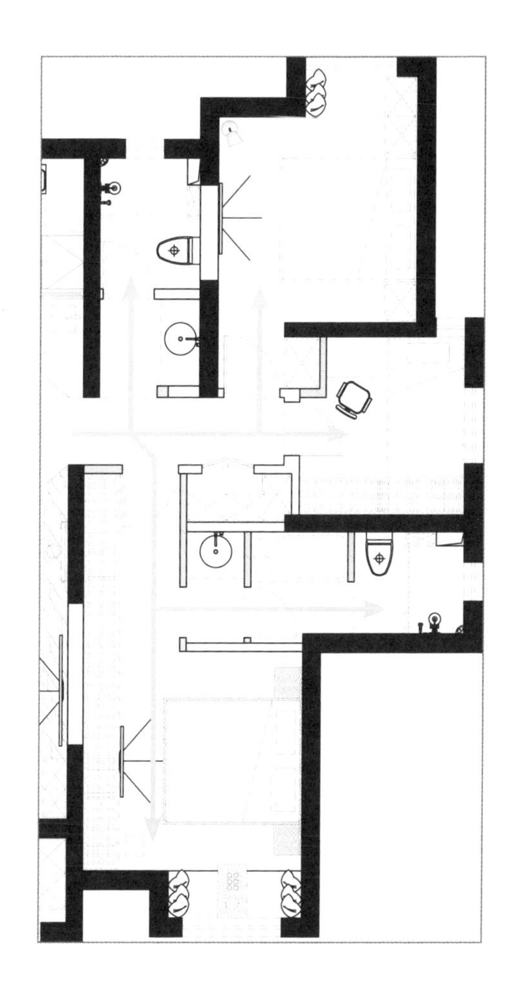

主卧床尾超长的衣柜容纳量远远胜过普通的衣帽间。卫生间的三分离设计可满足两个人同时使用，萌宠在飘窗的软座上小憩，也是不错的。

老人年纪比较大，行动缓慢，应减少曲折动线，让动线越短越好。老人房在北侧，衣柜虽然很小，但床头两侧的柜子可以作为收纳补充，过道的小型储藏室也增加了收纳容量。老人房紧挨着客卫，既能方便老人起夜，也能避免其他人起夜影响老人睡眠。

◇方案总结

① 打破原有动线，利用改变后的动线规划格局。

② 客厅、餐厅和厨房区与卧室区互不干扰、互不重叠，书房独立。

③ 主卧衣柜横置床尾墙，移动主卧门洞，给衣柜留出空间，同时避免和卫生间门正对。

④ 利用老人房床头两侧和通道储藏室来增加收纳空间。

小贴士

家中养宠物，要确认宠物是舍养还是散养，毕竟宠物住的地方也需要单独规划，且占地面积大。

2.26 动线偏移：一条通道改变全局

房屋概况		
	■ 房屋状况：新房	■ 户型：三室两厅一厨两卫
	■ 套内面积：82 m^2	■ 房屋结构：框架

年轻的业主需要家里有一间儿童房和一间客房，目前格局不是很理想，或许可以通过巧妙的动线设计来合理地利用空间。

改造前

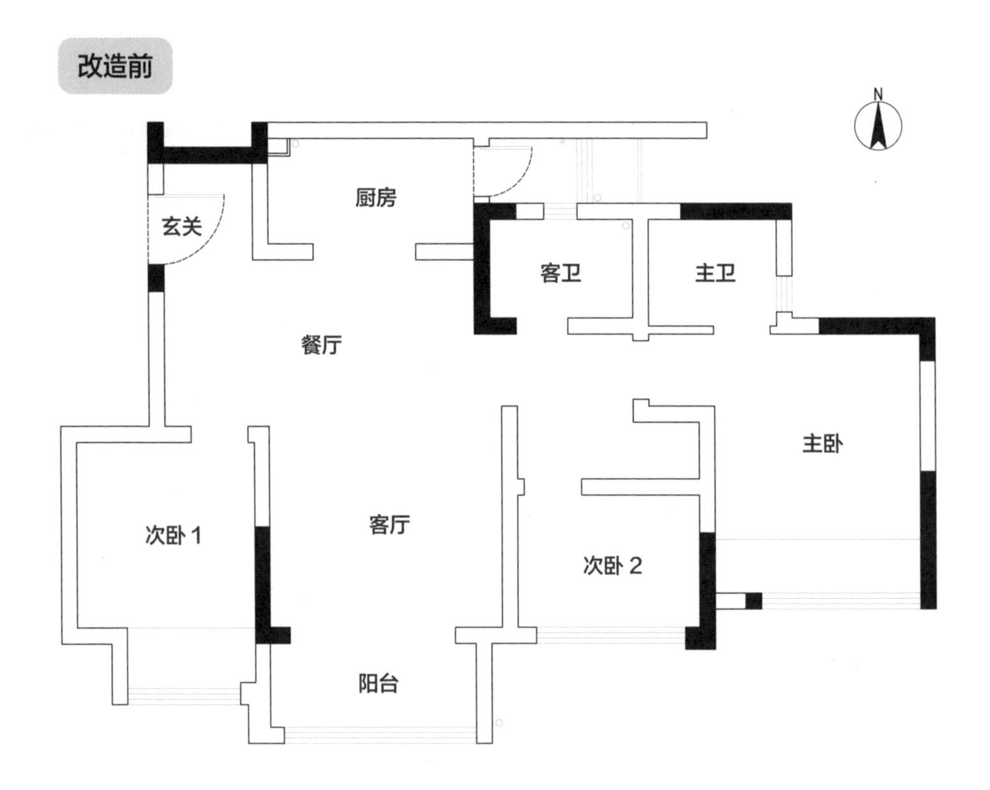

◇户型分析

❶ 三间卧室和客厅全部朝南。

❷ 次卧 2 有隔断墙，可拆除。

❸ 两个卫生间面积非常小。

❹ 客厅阳台没有排污管道。

◇业主需求

❶ 保留一间客房，方便留宿亲友。

❷ 日常做饭油烟比较重，不能做开放式厨房。

❸ 客卫使用蹲便器。

❹ 阳台无排污管道，需要安置洗衣机。

◇设计思路

三间卧室朝南，客厅朝南，无需大动，将次卧 2 中间的隔断墙打通即可。清晰定位餐厅区域，让餐厅和客厅错位布置，会显得客厅和餐厅更大。横向餐厅比较窄，可使用错位设置过道的方式来调整空间，让空间更加规整。客厅阳台不能安置洗衣机，客卫又太小，需要借助其他空间来安置洗衣机，可暂定为厨房与客卫之间的小阳台。

改造后

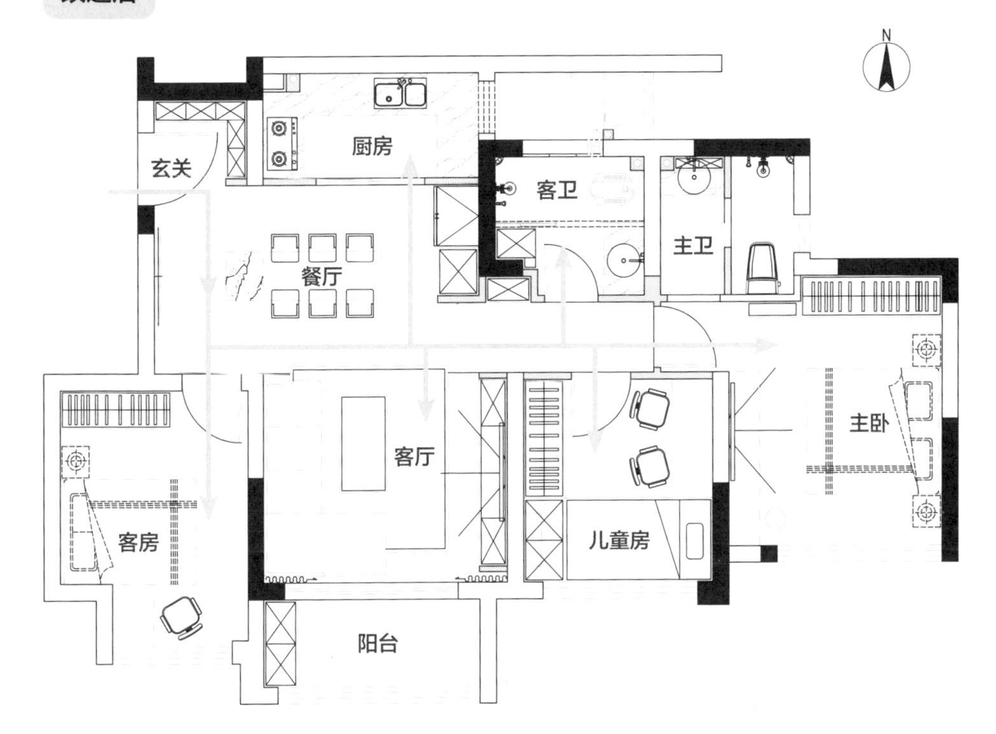

◇设计说明

❶ 卫生间墙向南整体偏移 33 cm，中部坚墙后推，取平客厅空间，扩大餐厅空间。

❷ 主卫坐便器移位，局部区域地面需要略微垫高。

❸ 厨卫之间的阳台原由厨房进入，对厨房空间影响太大，现改为由卫生间进入，使厨房功能区能够被完整利用。

◇动线分析

1. 餐厅的洄游动线使空间更加连贯

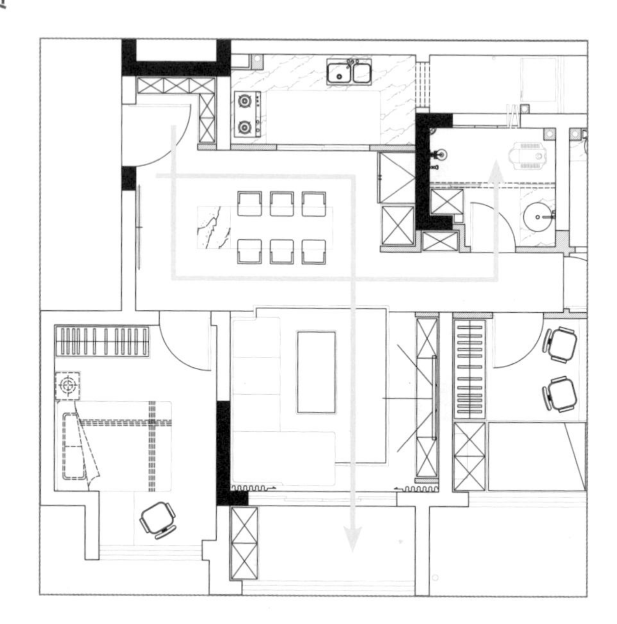

通过独立的门厅，客人更换拖鞋后即可进入餐厅区域，客厅和餐厅分区，各自有动线，让客人自由地在客厅和餐厅之间行走，就餐区的洄游动线串联起客厅和餐厅的空间。客卫在通道旁，做干湿分离设计，对客厅和餐厅不造成任何影响。三间卧室也具备很好的隐私性。通道的改变让客厅和餐厅错位的设计既显得客厅和餐厅比较大，又保持了空间格局的贯通性。

2. 卫生间连通小阳台，家政洗衣动线更流畅

由于房屋的主动线在空间布局的正中位置，贯穿了所有房间，本身的家政动线就很短，如果由原始空间布局的厨房进入阳台，厨房功能不但损失严重，橱柜要被断开，家政洗衣动线也会变得繁琐。综合考虑利弊，虽然由卫生间进入阳台不太常见，但将洗衣机放置在小阳台处，这样的家政洗衣动线要流畅许多。

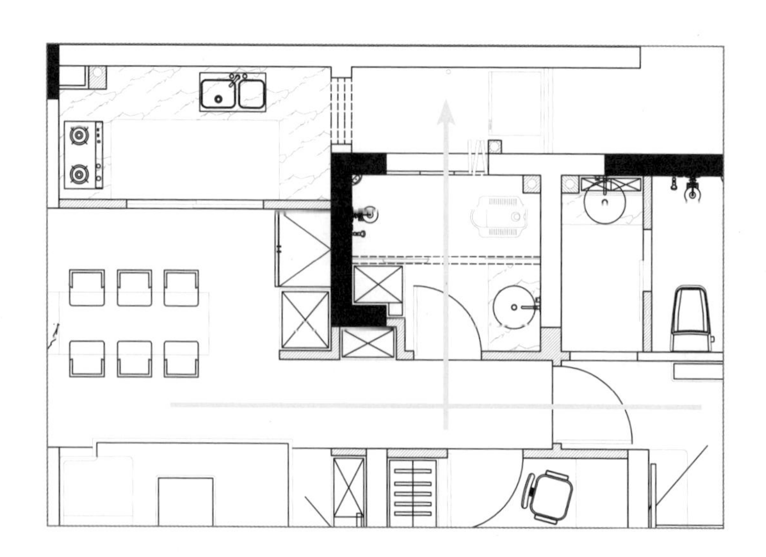

3. 家庭成员居家动线互不交叉，紧密相连

每位家庭成员都需要各自的私密空间。主卧墙体的移动让衣柜的放置显得不那么突兀，同时又扩大了卫生间面积，让业主有着完全私密的休息和洗漱空间；儿童房距离客卫最近，同时客卫面积也因为通道的改变而相应扩大了，可以做干湿分离设计；客厅和阳台也可以打通，未来增加孩子的活动空间；餐厅的洄游动线减少空间的死角，也避免了对孩子活动造成干扰。

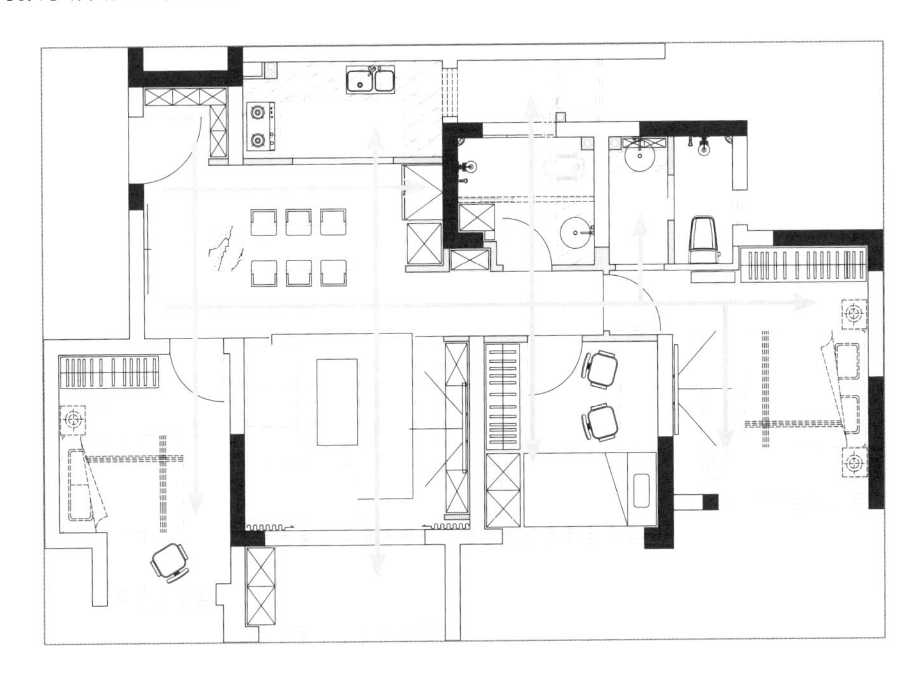

◇方案总结

① 横置餐厅，拉长餐厅东西方向的距离。

② 改变通道动线，向南偏移 33 cm，取平客厅，分出空间给餐厅。

③ 主卫客卫相应增大，做干湿分离设计。

④ 洗衣区从由厨房进入改为由客卫进入，提高厨房的利用率。

小贴士

通道式户型由于周围牵扯的房间比较多，属于“牵一发而动全身”的改动，变更通道位置时切记不要忽视周边其他空间的合理性。

2.27 一居室户型不可思议的“一变四”

房屋概况	■ 房屋状况：新房	■ 户型：一室一厅一厨一卫
	■ 套内面积：46 m²	■ 房屋结构：框架

一室一厅没有阳台的小户型要变成三室一厅加一个阳台，卫生间做干湿分离设计，还要双人台盆，有独立的客厅、餐厅。这个套内 46 m² 的小户型居住着一对 30 岁夫妻和一位 55 岁长辈，他们提出了这样看似不可能实现的需求，在这么小的户型内该如何实现呢？

改造前

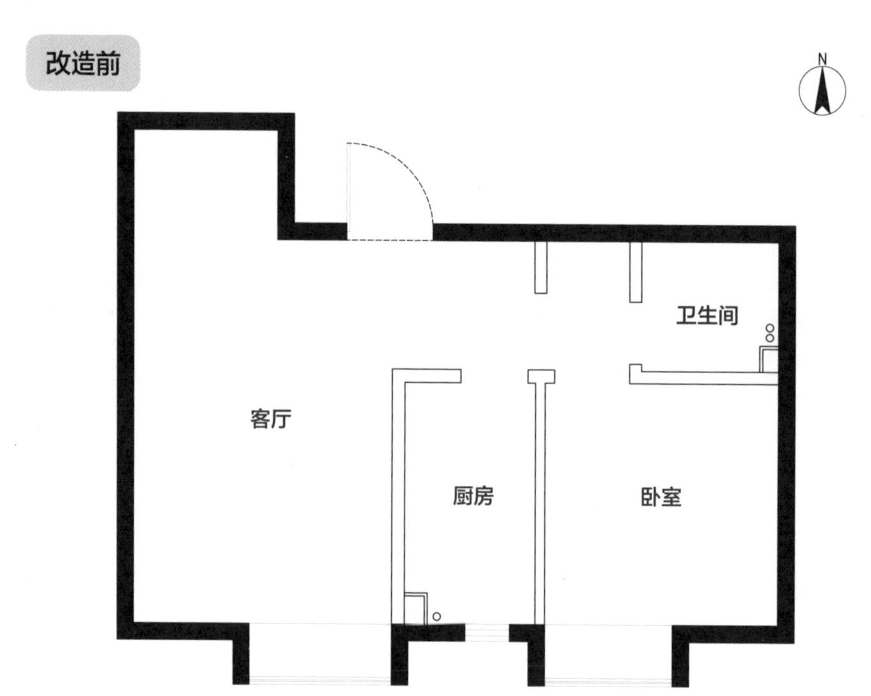

◇户型分析

❶ 西北角有个凸出的角落空间，很难利用。

❷ 无阳台，室内所有墙体可拆。

❸ 卫生间是暗卫，无采光、无通风，只能靠排风管道排气。

◇业主需求

❶ 入户门厅要有充足的放鞋子的空间。

❷ 客厅要放下 2.5 m 长的沙发。

❸ 需要增加一间次卧，一间尽量独立的小书房。

❹ 满足日常 3~4 人就餐的餐厅空间。

◇设计思路

为了最大限度地满足业主需求，我们要忽略室内除管道井外的所有墙体。让阳光尽量多地给各空间提供采光。大致规划出所需空间，按尺寸调整，再考虑是否有必要牺牲一些功能区。在规划的大致空间中规划动线，逐步调整其合理性。

改造后

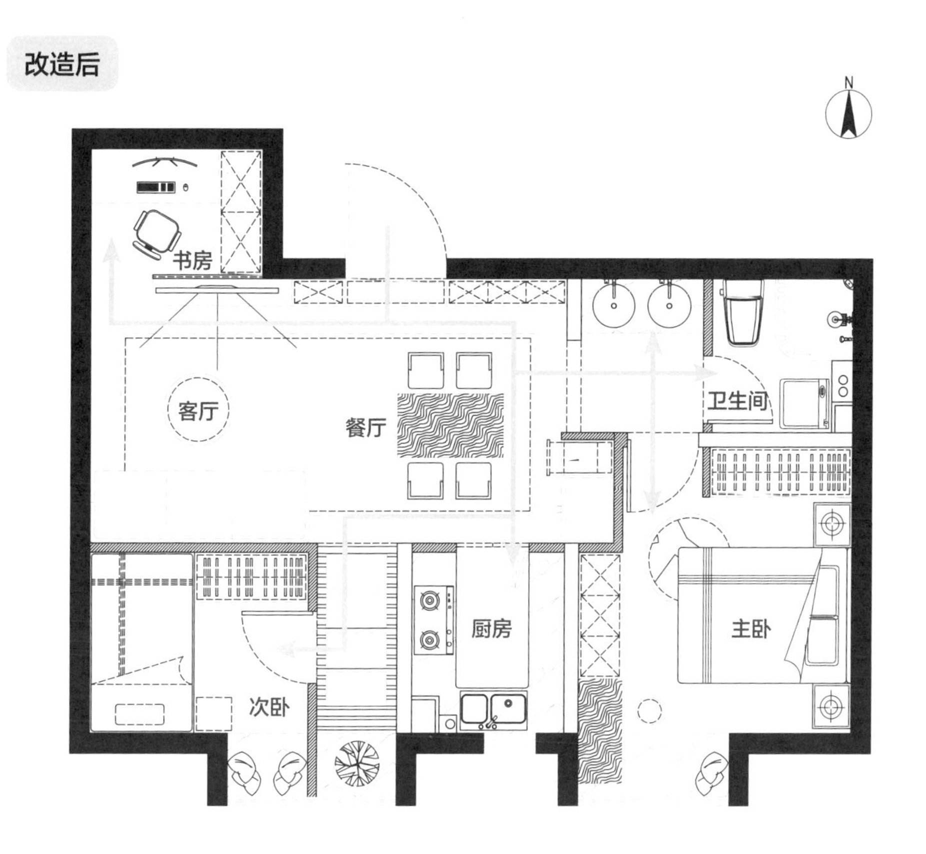

◇设计说明

❶ 客厅由原先的竖向布置改为横向布置。

❷ 在可以合理使用的情况下，压缩一些厨房面积给客厅和餐厅空间，让客厅餐厅空间更规整。

❸ 在厨房和次卧之间设计出一个南北向的阳台，满足晾晒功能的同时为客厅增加一些采光。

❹ 西北角独立空间正好作为单人书房使用。

◇动线分析

1. 重新规划动线，打破原有空间布局

房屋整体格局发生了颠覆性的改变，为了节约施工成本，厨卫空间尽可能地少做改动。入户区动线直对客厅和餐厅，左右两侧设计置顶收纳柜；餐厅凹陷墙体处内嵌冰箱，冰箱位置靠近厨房门且在餐厨区域之间，动线方便，拿取快捷。新增加的阳台区域原设计是两侧开门，厨房也由阳台通道进入，虽然这样餐厨之间可以形成吧台，但业主坚持要把厨房入口对着客厅，那就尊重业主的意见，形成独立的厨房空间，隔绝油烟。

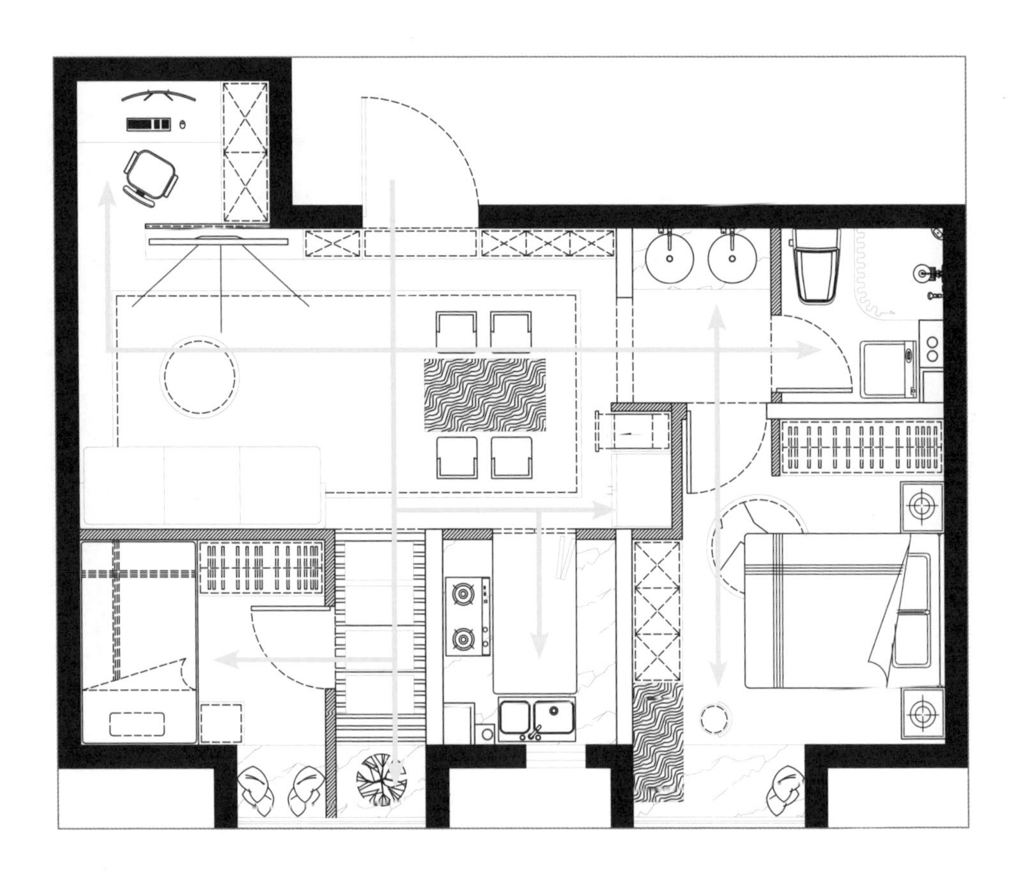

2. 将重复动线设计在空间布局中央

房子比较小，居住人口多，为了避免动线冲突，就要有一条能分开老人和年轻人的动线。以餐桌为中心主动线，老人的主要活动区域是次卧、阳台、厨房、卫生间，年轻人的主要活动区域是主卧、卫生间、客厅、书房。

而动线交融的区域在餐厅，所以在空间布局规划时将餐桌置于中间位置，将老人和夫妻俩的动线错开，避免在家行走活动时的动线交叉。

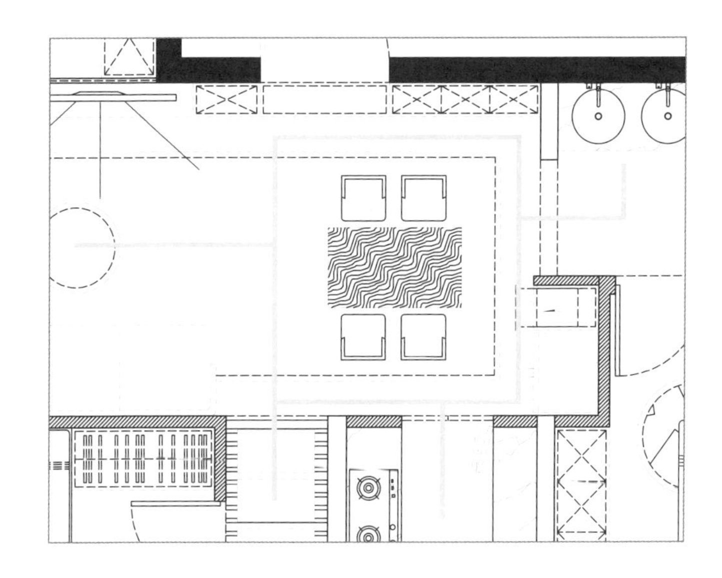

◇方案总结

① 改变客厅和餐厅的方向，将该区域规划整齐。

② 将洗衣机挪进卫生间，留出门口区域设置双人台盆。

③ 改变客厅位置，多出的空间分离出阳台和次卧，将这个方向的采光窗一分为二使用。

④ 凸出的小空间改为单人书房，实现独立单人办公区域。

小贴士

如果有小户型、高需求的方案，若想划分出多个空间，而实际每个区域都很局限，则建议根据房屋面积切实规划。

2.28 顶层加斜坡屋顶，需求有点多

房屋概况	■ 房屋状况：二手房	■ 户型：一室一厅一厨一卫
	■ 套内面积：59 m²+14 m²（赠送面积）	■ 房屋结构：框架

斜坡屋顶的空间设计需要巧妙构思，既要满足业主的需求，又要保证改造的美观性和实用性。设计师需要花费更多的时间和精力来进行研究和设计，以满足业主的高需求。通过设计师的努力和创意，这个户型最终会呈现出什么样的改造效果，让其成为一个美观、实用的居住空间呢?

改造前

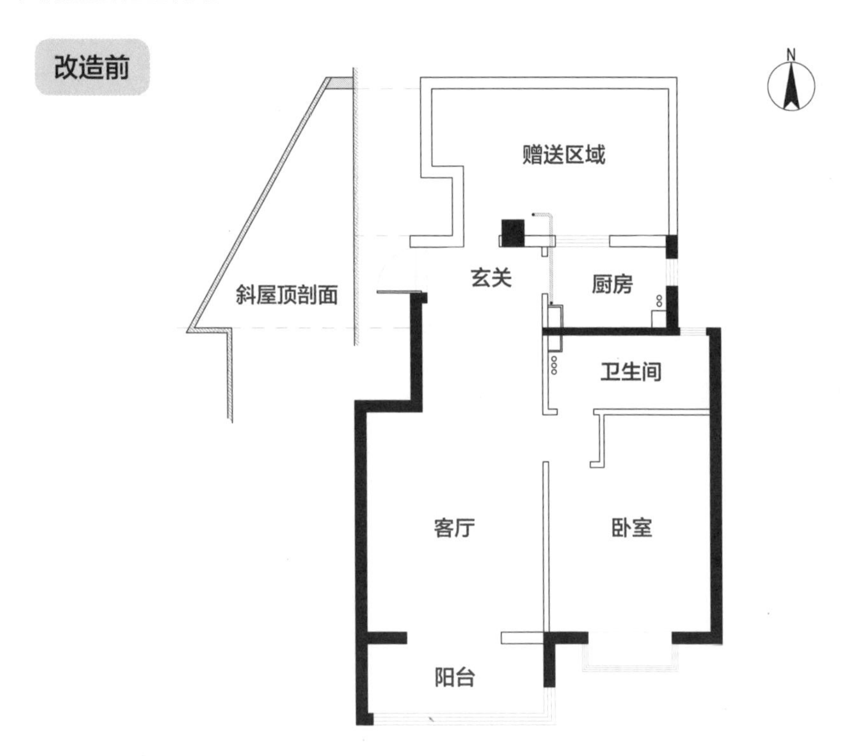

◇户型分析

❶ 斜坡屋顶的最高点的高度为 3.5 m，最低点离地面 60 cm。

❷ 室内大多数是非承重墙。

❸ 赠送区域无采光、无通风。

◇业主需求

❶ 儿童房内放置一张宽度为 1.2 m 的床、一张书桌、一个衣柜。

❷ 在主卧内放置宽度为 1.8 m 床，以及一对床头柜。

❸ 祖孙三代共同居住，老人最好有独立的休息空间。

❹ 卫生间做三分离式设计，设计尽量多的储物空间。

◇设计思路

房屋面积比较小，业主的需求多，意味着空间布局要进行大改动。赠送的空间通风太差，需要设法开窗通风。位于顶楼，不存在卫生间排污管道的问题，可以把原卫生间改成卧室，把窗户的采光面留给卧室。卫生间改暗卫，将洗漱池外移，与坐便区、淋浴间之间形成通道，两间卧室和卫生间共用一个通道，高效利用面积。

◇设计说明

❶ 入户区沿墙设置收纳柜，卫生间和厨房整体外移，扩大厨房空间并形成独立的门厅。

❷ 厨房向赠送区域扩充，窗户反向做内飘窗，飘窗下做厨房地柜，用于收纳，飘窗上侧给老人房开窗，形成通风窗。

❸ 分出原卫生间面积给儿童房，满足单人床、书桌、衣柜的布置需求。

◇动线分析

1. 家人既独立，又可互相照顾的家庭动线

在家中，夫妻的行走动线通常是独立的，他们在不同的区域活动。儿童房设计在主卧旁边，方便夫妻俩照顾孩子。孩子比较活泼，从儿童房到各个区域的动线较短，与其他动线交叉少，方便孩子日常活动。

老人房紧挨着门厅区域，早起进出方便；又与厨房相邻，缩短老人烹饪动线；祖孙三代的作息时间不同，将老人房设计在北侧，与客厅、主卧区分开，为老人日常活动提供最大的便利。

在家中，不同的人有不同的动线，这些动线交织在一起，构成了家庭生活的独特风景。

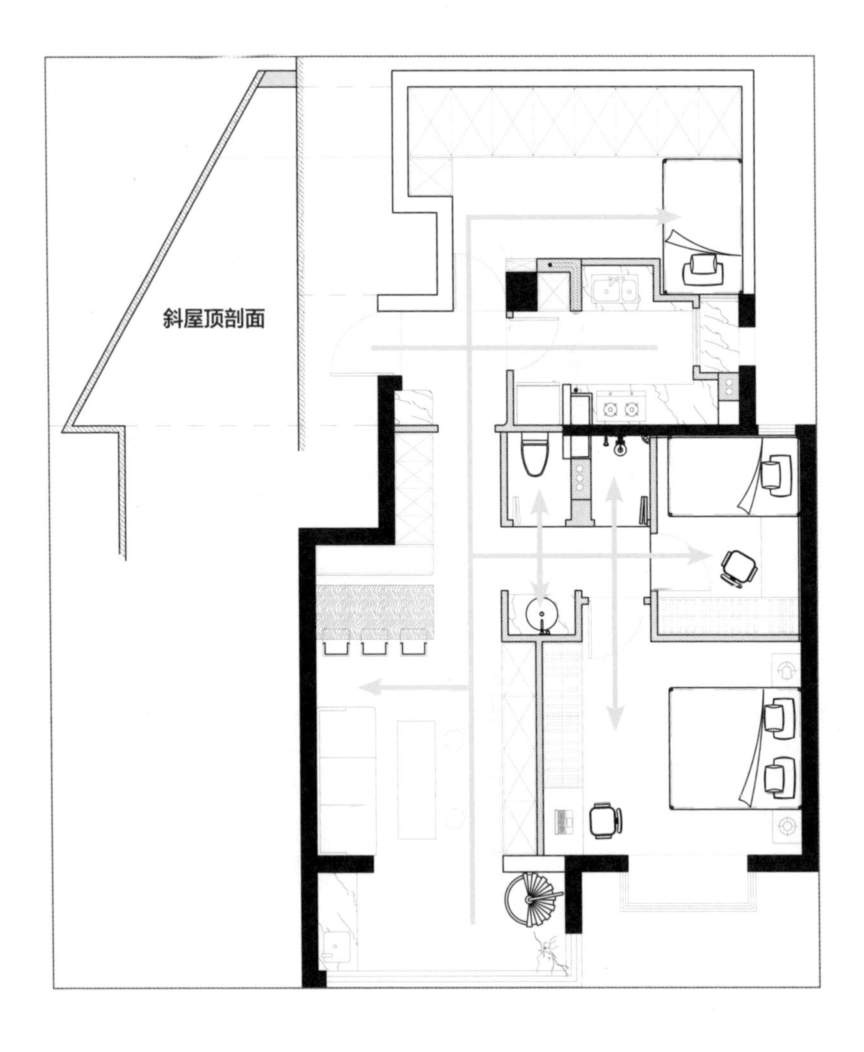

2. 访客动线让视野更通透，减少闭塞感

既然要求必须保留客厅和餐厅空间，那么访客动线也是必不可少的，虽然地方不大，但还是要具备必要的接待功能。客人进入门厅，手边有矮柜置物台，更换拖鞋后进入客厅、餐厅，一条笔直的动线连通阳台，可进行就餐、观影、闲聊、聚会等活动，虽然不是很宽敞，但充足的采光使空间显得更加明亮。

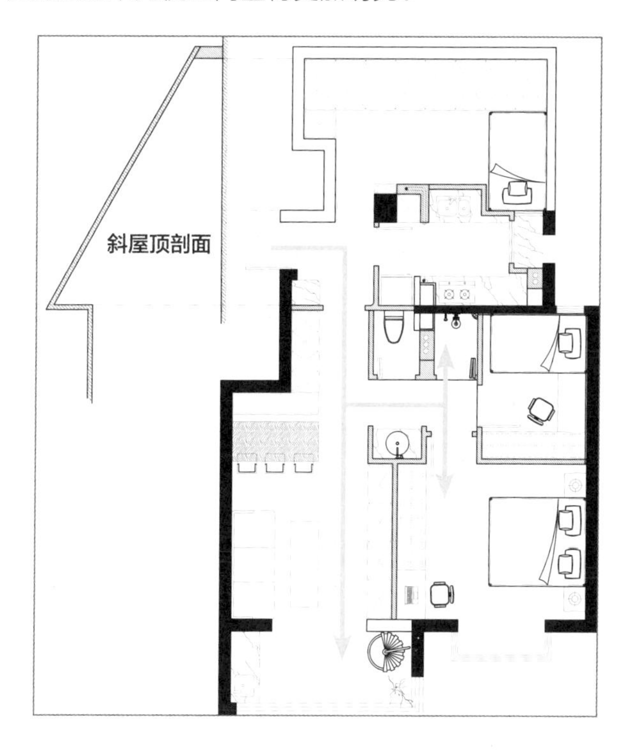

◇方案总结

① 取齐独立门厅，规整客厅和餐厅空间。

② 已经是顶楼，将卫生间区域改造成卧室。

③ 移动卫生间，做三分离设计并让主卧、次卧和卫生间共用过道以节约面积。

④ 厨房窗户反向做内飘窗，利用飘窗上部侧面空间为房间开窗通风。

小贴士

设计斜坡顶空间的时候切记考虑每个点位的高度，配合家庭成员的身高来决定设计空间的尺寸。

2.29 打开一堵墙，全家豁然开朗

房屋概况		
	■ 房屋状况：二手房	■ 户型：三室两厅一厨两卫
	■ 套内面积：122 m^2	■ 房屋结构：框架

业主对现有的户型不是很满意，考虑到未来一家三口的居住需求，他希望对空间的布局和功能进行重新规划，考虑增加储物空间、调整房间的大小和形状等，以提高房间的舒适度和实用性。

改造前

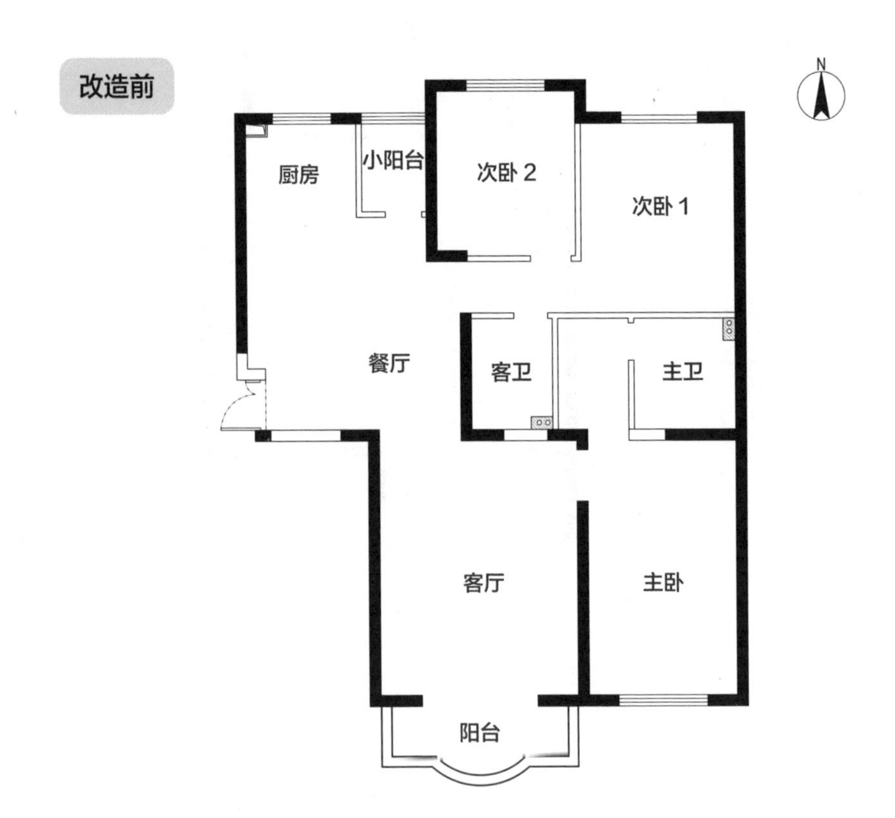

◇户型分析

❶ 房屋中间有一面 L 形承重墙，加大了设计难度。

❷ 客厅与餐厅错位布局。

❸ 厨房边的小阳台过小，布局比较“鸡肋”。

◇业主需求

❶ 保留两间卧室，设计一间书房或者客房。

❷ 保留厨房边的小阳台，将其改成洗衣间。

❸ 卫生间做干湿分离设计，主卧不需要卫生间。

❹ 尽量多增加储物空间。

◇设计思路

该户型整体布局还好，主要问题就在动线上。将主卧的门垛墙与客厅竖墙取平，只要把原客卫周边的动线连通，户型就开阔了。餐厅紧挨着厨房布置，在餐桌与入户门区域之间设计收纳柜，一面当餐边柜一面当鞋柜。

改造后

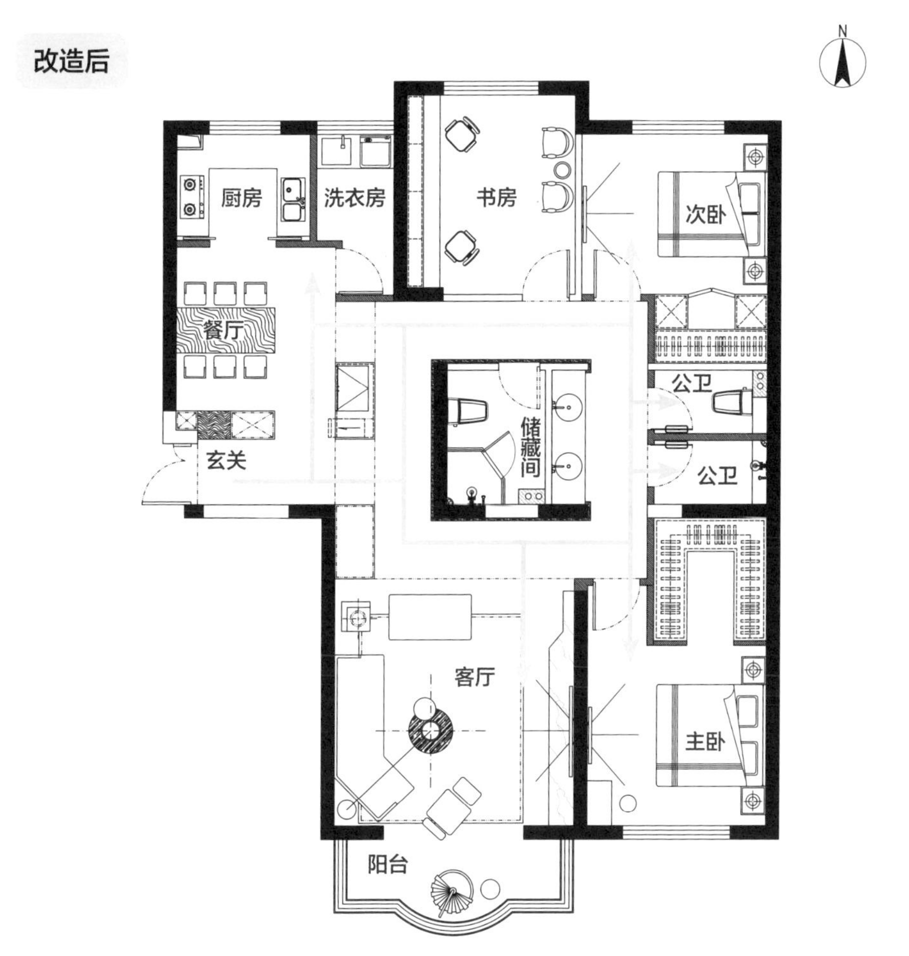

◇设计说明

❶ 增加原小阳台进深，尽可能地扩大洗衣房空间。

❷ 将冰箱外置，在通道和餐厅之间形成隔断。

❸ 将原主卫墙体打通变成公卫，形成的回字形通道让整体动线更加通畅。

❹ 在主卧和次卧内都设计了衣帽间，保留原客卫的功能，日常不使用，可作为储藏室，收纳能力十足。

◇动线分析

1. 洄游动线营造大平层的视觉通透感

以洗漱池、储藏室和冰箱收纳柜为中心形成的两条洄游动线，不仅有助于加强室内空间的联系，而且为访客和业主提供更灵活丰富的活动动线，同时也对改善套内通风采光、增进视线沟通具有重要意义。

当亲朋好友来访时，他们可以坐在沙发上聊天，品尝茶点，观看电视或欣赏音乐。如果需要更私密的交谈，则客人可以移步到书房。

在用餐时，客人可以前往餐厅，享用主人精心准备的美食。如果有孩子一起来拜访，他们通常会在客厅或阳台里玩耍，而大人们则可以在餐桌上畅谈。客人也可以在客厅或阳台里放松，享受宁静的时光。动线的规划可以在让客人舒适自在的同时，保护好业主的私密空间。

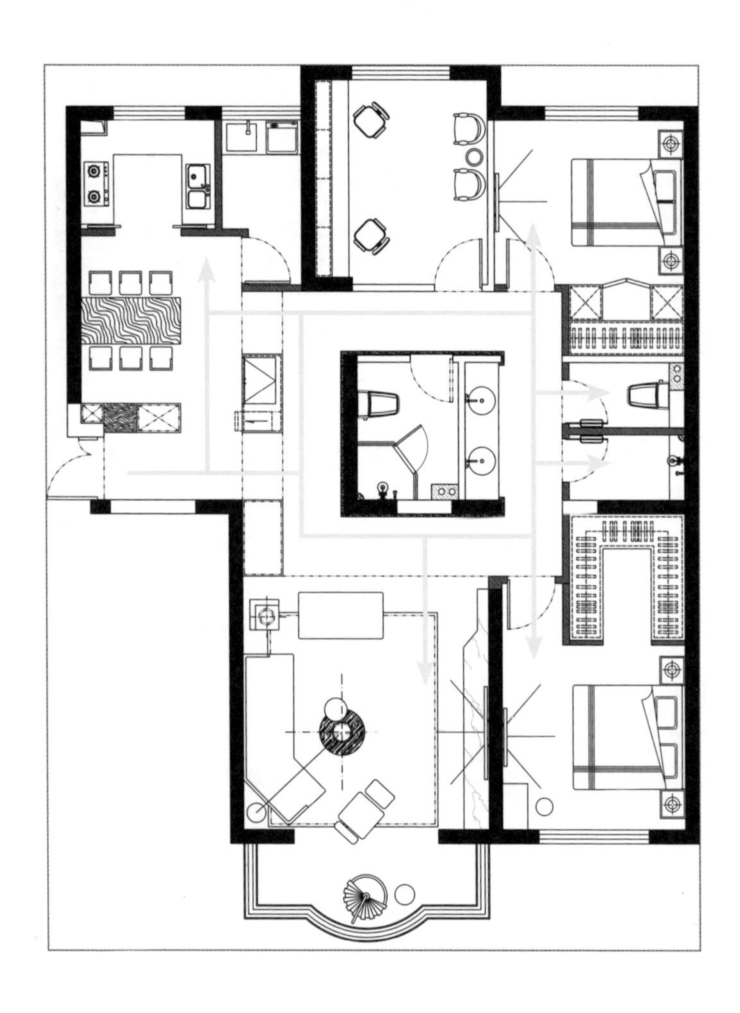

2. 独居活动动线，增添了空间的灵动感

住宅面积很大，可以让业主随意走动，而不必担心撞到墙壁或其他物品。通过增加冰箱收纳柜来让玄关、餐厅区域与整体空间巧妙融合；利用餐厅和玄关之间的空间，制作双面收纳柜，兼具鞋柜和餐边柜的功能。

在保证主卧和次卧睡眠、储物的基本功能的前提下，做了三分离式卫生间布局设计，将双人台盆设计在通往卧室、坐便区和淋浴间的交通动线旁，使用更加方便，更符合业主的家庭生活习惯。

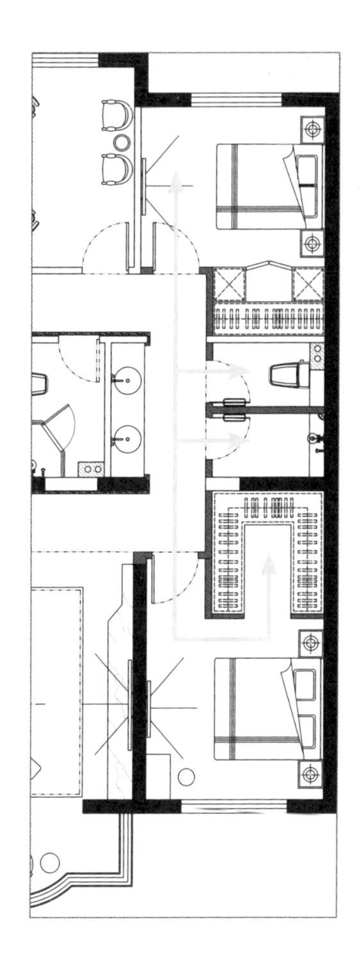

◇方案总结

① 设置独立门厅，规划餐厅和厨房空间，让客卫墙面变成入户端景墙。

② 储藏室做集中收纳，减少客厅、餐厅的收纳柜所占空间，使客厅和餐厅的空间开阔明亮。

③ 放弃主卧卫生间，将其墙体打通，使主卧、次卧的动线更加流畅。

④ 以客卫区域为中心，增加墙面装饰，提升视觉感受。

小贴士

洄游动线有的时候比较浪费面积，不能为了做洄游动线而设计，应在合理的情况下设计洄游动线。

2.30 巧妙规划空间的 11 个区域

房屋概况		
	■ 房屋状况：新房	■ 户型：两室两厅一厨两卫
	■ 套内面积：90 m^2	■ 房屋结构：框架

北京一套 90 m^2 的公寓式住宅，虽然已经精装修过，但业主对其并不满意。购置此房时，业主还是单身一人，目前已准备结婚，房屋的布局已然不适合两人共同居住。经过慎重决定，为了打造一个更加符合自己需求和品位的居住环境，业主决定将住宅全部重新规划。

改造前

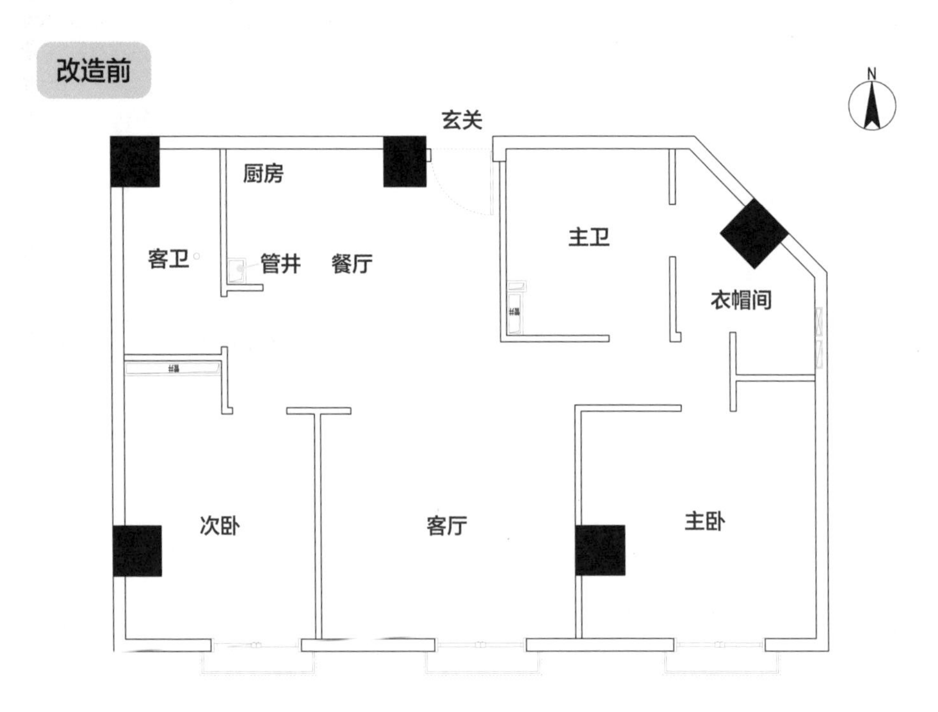

◇户型分析

❶ 房屋内有几根柱子和几处管井，其余墙体均可拆除。

❷ 三扇窗户采光，其他空间均无采光。

❸ 厨卫空间均为暗区，没有采光和通风口。

◇业主需求

❶ 摆放 L 形沙发，不以茶几为中心，有健身的空间。

❷ 增加一个独立的电竞房。

❸ 需要衣帽间，主卫不放浴缸。

❹ 尽可能多地增加收纳空间。

◇设计思路

拆除非承重墙后，室内有 3 处管井、5 根柱子。重新规划整体格局，结合需求将空间划分为 11 个区域，分别是入户门厅、餐厅，左侧鞋帽收纳区、主卫，厨房、客卫、次卧、客厅，主卧以及主卧内部的电竞房和衣帽间。

改造后

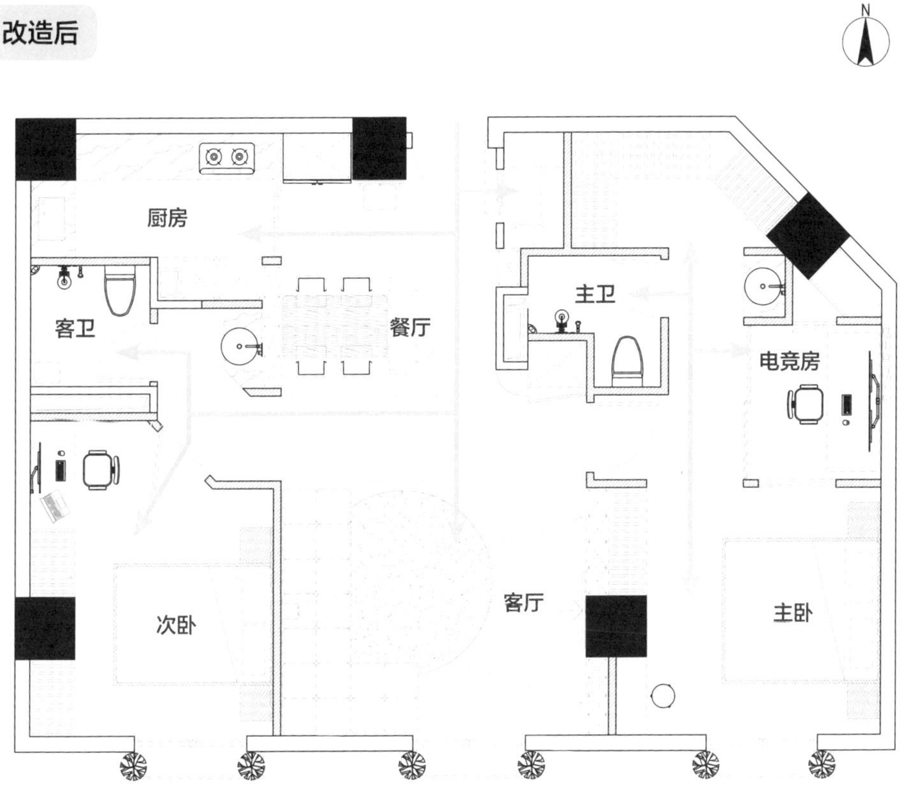

◇设计说明

❶ 在入户左侧门后形成鞋帽收纳区，延伸右侧厨房橱柜，增加厨房空间。

❷ 缩小次卧空间，扩大客厅面积，保证充足的健身空间。

❸ 保留主卧收纳柜和梳妆台，设置电竞房，把转角区域藏进电竞房作为小杂物间。

❹ 将客卫横置，结合次卧门的斜角，加宽通往卫生间的通道。

◇动线分析

1. 避开私密区域的访客动线，各享美好时光

改造后的客厅更加宽阔，让人感到舒适和愉悦。阳光透过宽大的窗户洒进来，让整个空间显得明亮而温暖。

客厅里摆放着舒适的沙发供亲朋好友闲坐聊天，让人感到亲切和温馨。墙壁上挂着一些艺术品，增添了整个空间的美感。书墙里堆满的书籍，为家中带来浓郁的书香气息。

合理的访客动线应该尽量远离卧室等私密空间，不但能让家人更好地休息，也能让客人在公共区域开怀畅聊。

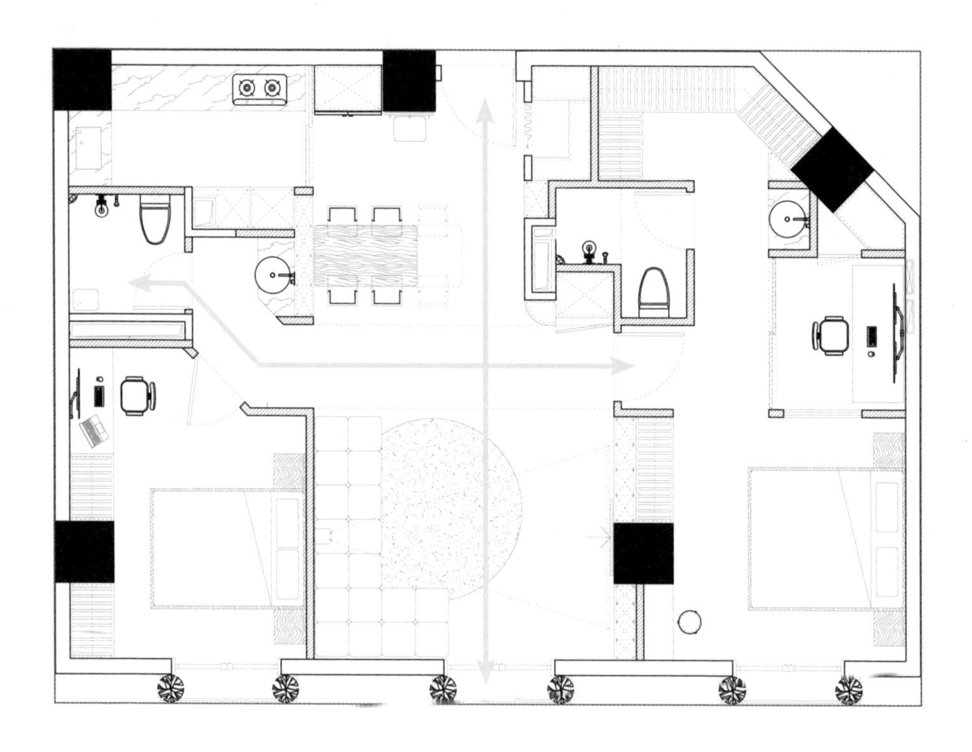

2. 电竞房动线既私密，又便捷

男主人拥有一间属于自己的电竞房，小屋布置简洁，只有一张宽大的电竞桌和一把舒适的椅子，以及一台高性能的电脑。这里没有家人的打扰，只有游戏与他相伴。

在电竞房使用推拉门，平时敞开与空间融为一体，使空间看起来通透、宽敞。男主人进行电竞娱乐时，拉上房门，形成闭合的私密空间，避免对他人造成影响。电竞房与主卫的距离很近，使用便捷，同时，去客厅和餐厅休息、到厨房拿取食物，都不会打扰到家人。

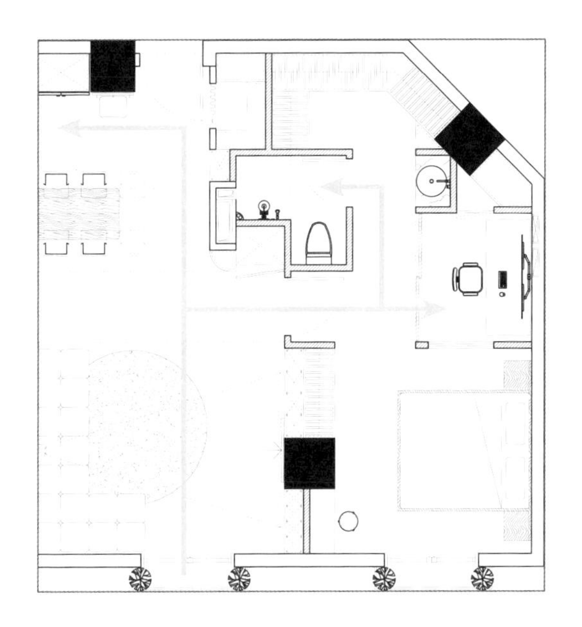

◇方案总结

① 改变每一个空间尺寸，重新规划更多的功能区。

② 改变客卫和厨房的方位，扩大厨房并使厨房空间封闭。

③ 缩小主卧卫生间，以便留出电竞房空间，并让出入户鞋帽收纳区的空间。

④ 扩大客厅空间，增加运动区域。

小贴士

不同的运动方式需要的室内空间不同。无氧运动通常都是固定的力量器械，如哑铃、划船机等，不需要太大的空间，一般的住宅阳台都可以容纳下。

双动线，生活、娱乐两不误

房屋概况		
	■ 房屋状况：新房	■ 户型：三室两厅一厨两卫一阁楼
	■ 套内面积：140 m²	■ 房屋结构：框架

一对新婚夫妻购置了这套 140 m² 的顶层住宅，还送了个平顶阁楼和大露台。每天男主人早早起床去公司上班，女主人工作在外地，平日家中有一猫一犬。房内并没有可以上阁楼的楼梯，甚至连洞口也没有，该如何设计?

改造前

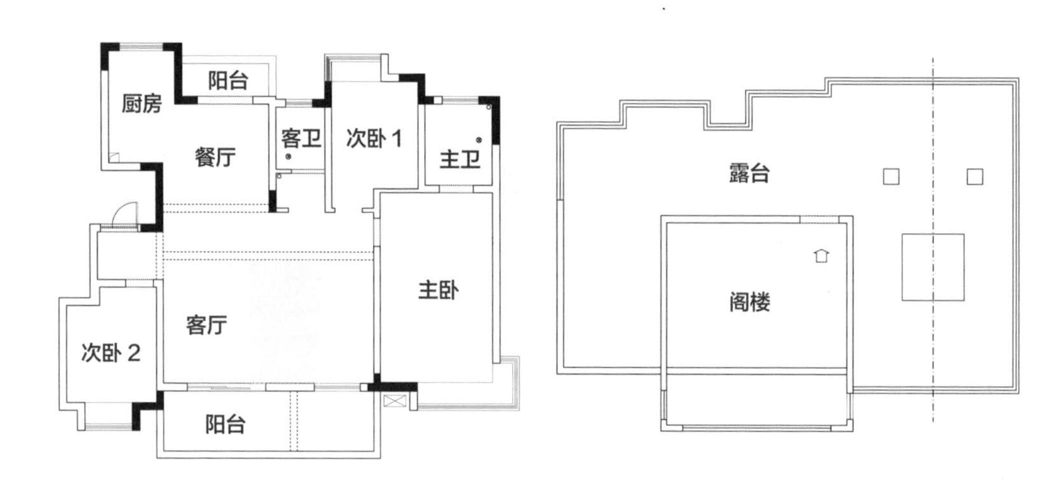

◇户型分析

❶ 南北通透大横厅带双阳台。

❷ 没有楼梯位置，需要依靠工程图纸寻找阁楼对应的方位。

❸ 阁楼为平顶，可做正常空间使用。

◇业主需求

❶ 阁楼设计影音室、健身房、电竞房。

❷ 楼下设计衣帽间、壁炉、开放式厨房。

❸ 设计双人书房和一个有包裹感的休闲空间。

❹ 喜欢大中岛式的餐厅。

◇设计思路

找出主通道动线和其他房间的分支动线，分析如何设计上楼动线。从南面上楼，可以增加楼梯间的采光。阁楼位置对应楼下的客厅和阳台，只能在这一区域设计楼梯。去掉两个窗户的采光面，还剩下中间阴影部分可以设置楼梯。

改造后

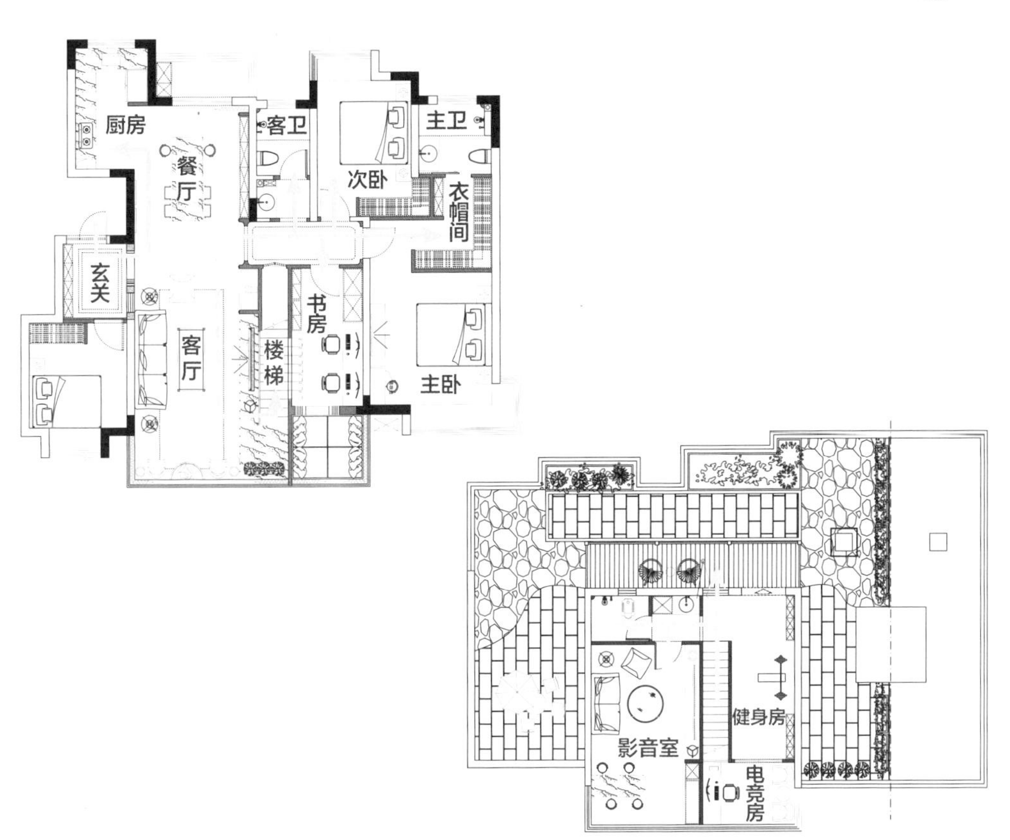

◇设计说明

❶ 由于业主需求和选取的楼梯位置原因，把竖向客厅变成了横向客厅。

❷ 北阳台和顶楼露台可作为洗衣、晾晒空间，南阳台空间可并入客厅，增加客厅的通透感。

❸ 由南侧上楼的楼梯，采光充足，使楼梯间变得格外通透、大气、明亮。

◇动线分析

1. 家政动线

带阁楼的户型，家政动线自然不能太复杂，采用横平竖直的设计动线，秉持“家政动线最短”的准则，所有家政动线都指向同一个方向——有水的地方。

设计家政动线时，不仅要考虑洗衣、晾晒、扫地、拖地等家务，更要考虑到在做家务时，不要打扰到其他房间的家人。

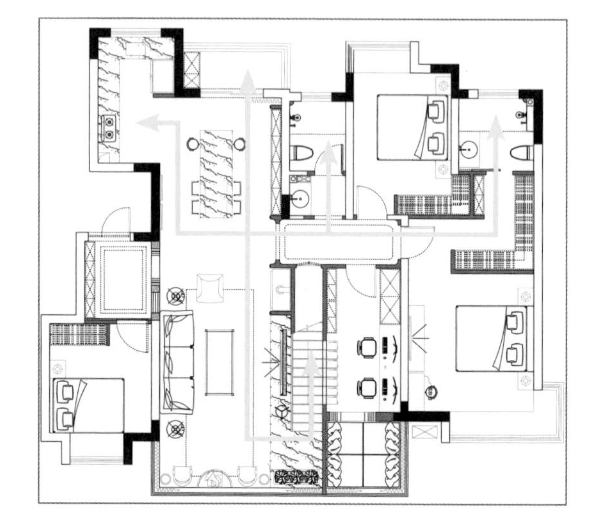

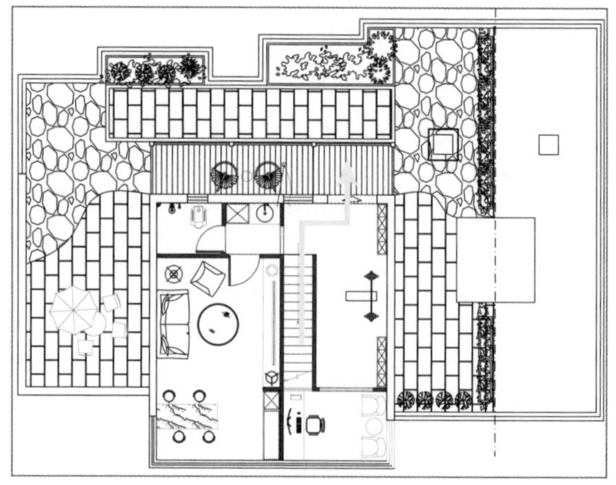

2. 家庭成员总动线

合并所有动线，从入户开始看到宽大的入户门厅瞬间感受到家的温暖，客房空置的时间较多，可以临时存放快递箱，也让门厅保持整洁。客厅南北通透，南边采光好，通透明亮，完全展现出来的楼梯给通透的客厅又增加了层次感和高级感，楼梯下的空间也是非常好的杂物房。进入书房，可满足两人同时工作、学习，累了可以在旁边的地台上享受日光浴，增加隔断，让地台区的空间包裹感更强。

阁楼是男主人的“世外桃源”，有独立的健身房、电竞房、影音室和卫生间。健身后沐浴，躺下看电影或者休闲娱乐，当然傍晚的顶楼露台也有另一番风景。

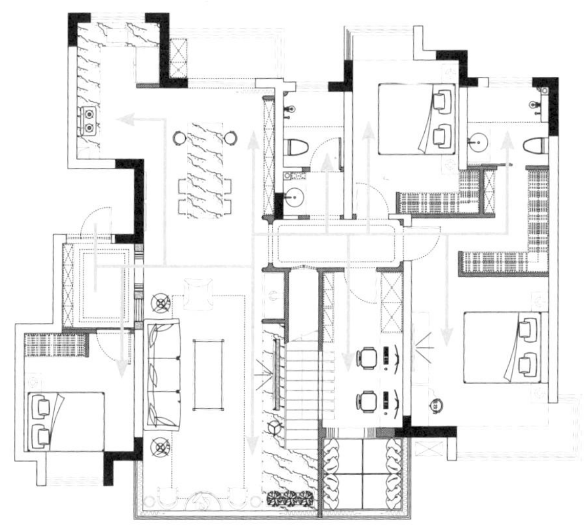

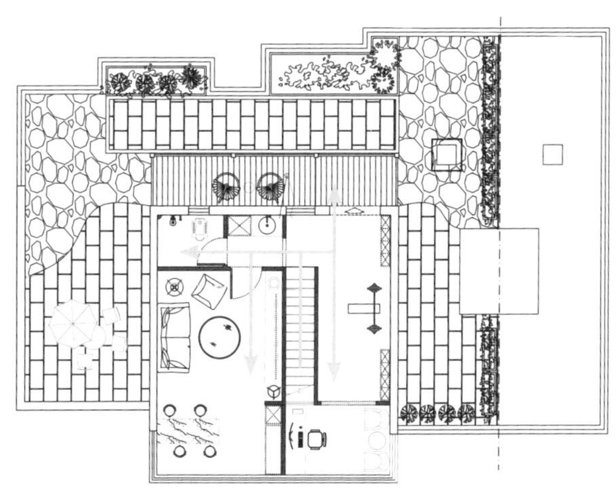

◇方案总结

① 有多处洗衣、晾晒空间，合并南阳台，扩大客厅面积并增加采光。

② 访客和业主在动线上分离，保护业主隐私。

③ 在客厅正中间设计一个真实燃烧的壁炉，为整个客厅和餐厅空间供暖，同时也可为阁楼通高区域供暖，一举两得。

小贴士

不能随意安装可燃壁炉，一定要具备排烟、排气条件，否则非常危险。